KB066303

공부가 힘든 너에게

공부가 힘든 너에게

초판 1쇄 발행 2023년 6월 30일

지은이 | 신영환

발행인 | 최윤서
편집 | 김은아
디자인 | 최수정
펴낸 곳 | (주)교육과실천
도서문의 | 02-2264-7775
인쇄 | 031-945-6554 두성 P&L
일원화 구입처 | 031-407-6368 (주)태양서적
등록 | 2020년 2월 3일 제2020-000024호
주소 | 서울특별시 중구 창경궁로 18-1 동림비즈센터 505호
ISBN 979-11-91724-31-8 (03590)

누구나 공부를 잘하고 싶다!
하지만 여전히,

공부가 힘든 너에게

신영환 지음

교육과실천

차례

Part 1   공부가 싫은 이유는 뭘까?

1. 실패자로 만드는 공부 감정

2. 공부를 어렵게 만드는 원인

Part 2   우리에게 공부는 왜 필요할까?

Part 3　이토록 공부가 재미있어지는 순간

부모에게,
자녀에게

행복한 아이로 자라길 바란다면, 끝까지 믿고 기다려 주세요

'옆집 사는 누구는 이번에 1등 했다던데, 우리 아이는 왜 그럴까?'

매일 공부하라고 해도 하지 않고, 학원에 보내도 성적이 오르지 않고, 게다가 부모 말까지 잘 안 들으려고 하니 답답합니다. 언제부터 문제였을까요? 부모가 못나서 아이도 못난 건 아닌가 자책해 보기도 합니다. 혹은 나는 잘했는데, 이 아이는 도대체 왜 그렇게 하지 못하나 원망도 해봅니다. 하지만, 누구의 잘못도 아닙니다. 아직 우리 아이는 인생에 실패한 게 아니기 때문이죠. 다른 사람과 달리 자기 속도에 맞춰 자라고 있을 뿐입니다.

모든 생명체는 각자 자기의 상황에 맞게 자랍니다. 그래서 성장하는 속도가 다르죠. 하지만, 모두 건강히 자라서 어른이 되고, 자기 삶을 살아갑니다. 다만 만족의 차이만 있을 뿐이죠. 그런데 우리 부모님들은 걱정이 이만저만이 아니죠. 행여나 뒤처지지 않을까 언제나 노심초사입니다. 자꾸만 주변을 보며 애가 타고 속상해합니다. 다른 아이와 비교되니까요.

그런데 그거 아세요? 행복 지수가 높은 나라에서는 다른 사람보다 자기 자신에 더 충실하다는 것을요. 행복 순위에서 절대 빠지지 않는 행복 국가 덴마크의 경우에는 좋은 일자리에 대한 가치 기준이 우리나라와 다르기 때문에 그렇다고 해요. 우리는 돈 많이 버는 전문직을 더 좋게 생각하지만, 덴마크 사람들은 자기가 추구하는 가치를 이룰 수 있는 직업을 선호하죠. 남들이 좋다고 말하는 걸 그대로 따르는 게 아니라 자기에게 맞는 삶을 살고자 합니다. 그게 비결이죠.

　최빈국이지만 행복 지수 1위를 자랑하는 국가가 있습니다. 바로 '바누아투 공화국' 인데요, 오세아니아의 섬나라입니다. 국토 면적은 약 12,000㎢, 인구는 약 33만 명(2023년 기준)입니다. 아주 작고 가난한 나라죠. 하지만 계속 행복 지수 1위를 기록하고 있답니다. 그 비결이 뭘까요? 급하게 돌아가는 세상에 어떻게든 아등바등 살려고 하지 않고, 느림의 미학을 추구하기 때문입니다. 자기가 사는 나라 환경에 맞게 살아가고 있죠. 경제적으로 어려움이 있어도 미소를 잃지 않는 비결입니다.

　《KBS 인간극장》에서는 '행복의 섬 바누아투'를 소개하며 단순하고 평화로운데도 행복하게 사는 사람들의 모습을 보여 주었습니다. 현실에 찌든 우리의 모습, 경쟁 속에 허덕이고 고통을 참고 살아가는 우리 현실과 다른 모습이었죠. OECD 선진국이면 다인가요? 청소년 자살률 1위이자 청소년 행복 지수 최하위를 기록하는 우리나라를 보며 안타까운 생각이 듭니다.

　우리 아이들은 행복할 권리가 없을까요? 아니오, 충분히 있다고 생각합니다. 공부로만 본다면 다른 아이들보다 뒤처질 수 있지만, 아이마다 개성이 있으니까요. 아이마다 잘할 수 있는 분야가 다르고, 좋아하는 것도 천차만별이니까요. 그런데 우리는 360도 중에 오직 한 방향만 바라보며 아이들을 줄 세우고 있죠. 다른 특성을 잘 살리기보다 세상이 정한 잣대에 맞춘 공부를 하고, 입시에 성공하기를 바라지요.

나머지 359도만큼 아이가 갈 수 있는 방향이 다양한데, 우리는 생각하지 못하는 것 같습니다. 다른 방향은 아직 경쟁도 심하지 않아서 얼마든지 개척할 수 있는데 말이죠. 물론 아직 시스템이 갖춰지지 않았거나 불모지라서 경제적 활동으로 이어지지 않을 수 있겠죠. 하지만 세상은 계속 변하고, 세상이 인정하는 가치도 달라진답니다. 지금 가치가 있다고 10년, 20년, 30년 후까지 계속 그 가치가 변하지 않으라는 법은 없으니까요.

우리 아이들이 사는 세상은 분명히 또 다를 거예요. 10년이면 강산이 변한다고 하는데 수십 년 후에는 어떻게 될지 예측할 수 없어요. 지금은 직업 하나로 수십 년을 버틸 수 있지만, 미래에는 'N잡러'가 될 수밖에 없을지도 모르죠. 게다가 100세 시대에 살고 있기 때문에 분명히 직업에 대한 사이클이 한 번으로 끝나지 않을 거예요. 우리도 그렇지만, 우리 아이들은 더욱이 자기가 하고 싶은 일을 찾고, 관련 전문성을 기를 수 있어야 합니다.

미래학자들은 과거에 우리가 중요하다고 생각했던 '정보 암기력' 보다는 그 정보를 활용할 수 있는 역량이 필요하다고 말합니다. 인공 지능의 발달로 인해 인간이 하는 단순 작업은 많이 사라질 거고요. 단순히 정보를 외워서 문제의 정답을 맞히는 평가는 앞으로 사라질 거예요. 오히려 실질적으로 우리 삶에 필요한 정보를 어떻게 활용할 수 있는지 그 능력을 평가받게 되겠죠.

그러니 지금 우리 아이가 성적이 잘 안 나온다고 너무 걱정하지 마세요. 다만 시험공부에 최적화되지 않았을 뿐이에요. 우리 아이가 더 잘할 수 있는 일이 어딘가 있을 거예요. 그 일을 찾을 수 있도록 진로 탐색에 더 힘쓰고, 미래에 기본적으로 필요한 다양한 역량(문해력, 창의력, 논리적 사고력, 협력, 의사소통, 디지털 활용 능력 등)을 기르는 게 급선무죠.

혹은 아이가 스스로 공부 독립을 통해 자기가 가고 싶은 분야에 매진할 수 있도록 긍정적인 자세를 갖추도록 하는 게 더 필요하다고 생각해요. 어느 분야에 도전했을 때 실패나 실수를 하더라도 다시 훌훌 털고 일어나 계속해서 할 수 있는 힘을 길러야 한다는 의미예요. 포기하지 않는 한 결과를 만들어 낼 수 있다는 사실을 알려 줘야 한다고 믿어요. 물론 자기에게 맞는 속도로 가야 할 거고요. 뱁새가 황새 따라가려다 가랑이 찢어질 수 있으니까요.

학교에서 만난 입시에 성공한 아이들의 특징을 보니까 결정적으로 부모님의 응원과 지지가 크다는 걸 알았어요. 입시가 인생의 전부는 아니지만, 10대에 해야 할 공부로 성공하는 아이들을 보니까 끝까지 포기하지 않는 힘이 있더라고요. 그리고 자기 속도에 맞게 조금씩 어려움을 해결하면서 성장하더라고요. 중요한 건 다른 사람의 속도가 아닌 자기 속도에 맞게 꾸준하게 움직였다는 거예요.

누가 어디를 가든 첫걸음을 하지 않으면 목적지에 다다를 수 없습니다. 그리고 방향이 바뀌어도, 돌고 돌아도 목적지만 바뀌지 않는다면 결국에 도착할 수 있습니다. 다만 도착 시간이 다를 뿐이죠. 차가 막혀서 정체될 수도 있고, 고속으로 달릴 수도 있죠. 아이마다 달릴 수 있는 능력이 다르니 속도는 당연히 차이 나겠죠. 하지만 목적지를 바라보고 달릴 수 있게 부모로서 옆에서 도와준다면 어떨까요?

세상에 공부를 못하고 싶은 아이는 없답니다. 누구나 공부 잘하는 사람이 되고 싶죠. 공부가 꼭 입시 공부가 아니어도 됩니다. 아이가 잘할 수 있는 공부를 할 수 있도록 해 주면 좋겠습니다. 이 책을 읽는 부모님들이 아이들의 마음을 더 헤아려 주시길 간절히 바라봅니다. 아이들은 누군가 자기를 믿어 줄 때 더 잘 자라거든요. 인정받을 때 더 잘할 수 있게 된다는 거지요.

아이들이 목적지에 도착할 수 있도록 돕는 유일한 방법은 우리 아이가 스스로 해낼 수 있다고 믿고 이룰 때까지 기다려 주는 거예요. 물론 중간에 도움을 줄 수 있다면 아이가 필요한 부분에 대해 지원하면 되는 거고요. 아이를 믿지 못해 자꾸만 아이를 혼내고, 속도가 느리다고 다그치는 상황은 더는 안 됩니다. 누구나 자기 색깔이 있으니 그 색깔을 찾고 빛날 수 있을 때까지 기다려야 하죠. 우리 아이를 믿고 기다려 주시길 바랍니다. 지금은 웃지 못해도 결국엔 부모도 아이도 웃는 미래가 기다릴 거예요!

공부 못하면 패배자가 되는 세상에 도전해 보세요

"공부 잘해요?"

"어느 대학 갔어요?"

대한민국에 사는 우리 아이들은 매일 '공부'라는 잣대로 평가받지요. 성적이 얼마나 나왔는지, 어느 대학을 갔는지 어른들은 항상 궁금해하죠. 사회가 만든 교육 시스템에 끼워 맞춰 우등생이냐 열등생이냐를 구분하는 이분법적인 세상에 사는 우리 아이들은 행복하지 않습니다. 그러니 OECD 국가 중 청소년 자살률 1위, 행복 지수 최하위라는 꼬리표가 항상 따라붙지요.

그 이유는 명문대를 나오고 대기업에 취업하는 것이 성공이라는 공식이 우리 머릿속에 자리 잡고 있기 때문입니다. 안타깝게도 소위 명문대라고 불리는 SKY 대학을 포함하여 서울에 있는 대학에 진학하기 위해서는 공부로 전국 10퍼센트 안에 들어야 합니다. 수도권과 지거국(지방 거점 국립대) 정원까지 포함하면 대략 20퍼센트 정도 됩니다. 나머지 80퍼센트 아이들은 지방대에 진학하거나 혹은 대학 진학에 실패하죠. 안타깝게도 이 사회가 만들어 낸 틀에 맞지 않다고 패배자가 되는 일이 생깁니다.

문제는 성인이 되기 전부터 학교에서 매번 시험으로 줄을 세우니 성적이 잘 나오지 않는 아이들은 더 괴롭습니다. 아직 무엇을 해야 할지 잘 모르겠고, 공부해야 할 이유가 없으니 재미있을 리가 없죠. 학교에서는 내가 원하지도 않는 수업을 듣고, 재미없는 과목 시험을 봅니다. 그리곤 성적을 기준으로 나를 평가합니다. 공부를 잘하면 우등생, 공부를 못하면 열등생으로 말이죠.

학교뿐만 아니라 집에서도 난리입니다. 성적이 나오지 않으면 부모님은 걱정이 이만저만이 아니죠. 우리 아이가 실패한 인생으로 살아가면 어쩌나 좌불안석입니다. 다른 집 아이는 엄친아, 엄친딸로 반에서 1등을 했다는데 우리 아이는 이번에도 성적이 안 나오니까 마음이 급해집니다. 공부 잘하는 아이들이 다닌다는 학원을 알아 보고, 과외도 붙여 보고 우리 아이가 성적이 오르길 바라며 최선을 다합니다.

하지만 공부를 왜 해야 하는지도 모르고 흥미도 없는 아이는 아무리 노력해도 결과가 잘 나오지 않지요. 결국 돈은 돈대로 쓰고, 부모님도 아이도 시간과 노력을 들였지만 헛수고한 느낌이 듭니다. 계속해서 공부 못하는 아이로 낙인이 찍히니 자신감이 사라집니다. 때로는 왜 살아야 하는지 그 이유도 모르겠다는 생각이 들고요. 점점 우리 아이들은 우울한 감정에 휩싸여 행복하지 않게 된다는 말입니다.

왜 어른들은 우리 아이들을 자꾸 공부로만 평가하려고 할까요? 아이마다 성격, 기질, 성향, 능력 모두 다른데 왜 한 가지 기준으로만 평가하려는지 모르겠습니다. 공부만이 인생의 정답이라고 정해 놓고 자꾸만 그 틀에 아이를 맞추려 하는지 이해가 되지 않습니다. 우리 아이들이 살아갈 인생 방향은 360도 모든 방향으로 뚫려 있는데도 말이죠.

아이들을 오직 한 방향을 향해서만 줄을 세우니 1등이 있고, 꼴등이 생기는 겁니다. 승리자와 패배자가 있다는 의미죠. 문제는 승리하는 사람의 비율보다 패배하는 사람의 비율이 더 크다는 거예요. 왜 고작 입시 공부 때문에 더 많은 아이가 불행해야 하는지 슬픈 현실에 눈물이 흐를 뿐입니다.

사실 저도 이 세상이 만든 시스템의 피해자입니다. 중학교에 올라가서 성적이 안 나오니까 제 아버지는 실망이 크셨죠. 기대한 것보다 실망이 커서 한 말이었겠지만, "그렇게 공부할 거면 나가서 돈이나 벌어와! 나가 죽든지!"라고 하셨답니다. 공부로 성공할 수 없으면 차라리 학교를 그만두고 다른 일을 찾아보라는 의미로 받아들일 수도 있습니다. 하지만 저로서는 어린 마음에 큰 상처를 입었죠. 정말 그때 처음으로 '죽음'에 대해서 진지하게 생각해 봤습니다.

다행히 어머니께서 그날 잘 보듬어 주셨고, 아버지도 화가 나서 막말을 한 거라고 바로 사과해 주셨답니다. 덕분에 저는 비록 상처는 입었지만, 공부를 열심히 해야겠다고 생각하는 계기가 되었습니다. 그 이후로 부족함을 극복하기 위해 더 열심히 노력했습니다. 덕분에 점점 성적이 올라서 중3 때는 반에서 1등을 할 수 있었습니다. 다행히도 공부로 실패하지 않게 된 것이죠.

비평준화에 살았던 저는 고등학교 입학시험을 봤습니다. 담임 선생님의 권유로 명문고에 도전했는데, 다행히 합격했습니다. 하지만 기쁨은 아주 잠시였죠. 이미 공부 괴물이 모인 고등학교에서 저는 다시 패배자로 살아야만 했으니까요. 이미 공부로 완성되어 고등학교에 온 친구들은 정말 공부를 잘하더군요. 아무리 노력해도 저는 그 격차를 따라

갈 수 없었습니다. 결국 첫 입시도 망했고, 재수했던 두 번째 입시도 크게 실패했답니다. 저는 그렇게 진짜 공부 '패배자'가 되었습니다.

두 번째로 진지하게 '죽음'에 대해 생각해 봤습니다. 그것도 또 공부 때문에 말이죠. 지금 생각해 보면 정말 바보 같은 생각이었습니다. 고작 공부 때문에, 대학 때문에 생을 마감하려 하다니요. 그런데 그때는 아직 살아갈 날이 더 많은데도 제게는 대학이 전부였기 때문에 그렇게 생각할 수밖에 없었답니다.

저는 이 사회에서 만든 잣대로 보면 스물한 살이었던 그때 인생 실패자였습니다. 만일 공부 때문에 진짜 생을 마감했다면, 안타까운 일이 되었겠죠. 하지만 저는 3일간 고심 끝에 공부 못하는 저를 있는 그대로 받아들이기로 했습니다. 명문대에 가지 못했지만, 서울에 있는 대학을 다니지 못했지만, 다시 삶의 목표와 방향을 정하기로 했습니다.

헤르만 헤세의 소설 《데미안》에 나오는 말처럼, 알을 깨기 위해 노력하기 시작한 것입니다. 명문대를 나오고 대기업에 취업하는 게 성공이 아니라 내가 이 세상에 가치 있는 사람이 되는 것이 더 나은 성공이라고 믿기로 했습니다. 다시 살아갈 이유가 생기니까 과거와는 다르게 현재에 집중할 수 있었습니다. 부족함을 인정하고 나니까 더 채우기 위해 남들보다 더 열심히 노력할 수 있었습니다. 덕분에 하고 싶은 것도 찾고, 계획한 대로 하나씩 이루기 시작했답니다.

엘리트 코스는 아니지만 노력한 덕분에 교사가 되었습니다. 안타깝게도 과거의 저와 같은 시기를 보내는 아이들은 여전히 공부와 입시로 씨름하고 있더군요. 어떻게 20년이 지나도 우리 세상은 변하지 않게 된 걸까요? 아무리 교육 분야가 가장 느리게 변화한다고 해도 이건 너무

한 것 같다는 생각이 듭니다.

학교에서 제 친구들과 같은 승리자와 저와 같은 패배자를 모두 만났습니다. 그런데 저 혼자만의 힘으로는 도저히 패배감을 맛본 아이들을 돕기에는 힘이 부족하다고 느꼈습니다. 그래서 이 책을 쓰게 되었습니다. 학창 시절에 공부 좀 못한다고, 성적이 안 나온다고, 좋은 대학에 못 간다고 인생 패배자가 아니라고 말해 주고 싶기 때문이죠. 지금부터 어떻게 하면 우리도 행복한 삶을 살 수 있는지 혹은 승리자가 될 수 있는지 다양한 이야기를 통해 자신을 점검하고, 수정하고, 실천하고, 변화해 보길 바랍니다.

세상에 오르지 못할 산은 없다고 합니다. 만일 '인생'이 우리가 넘어야 할 '산'이라면 한번 도전해 보는 건 어떨까요? 분명히 그 산을 넘을 효율적인 방법이 있을 거예요. 공부가 전부가 아니라고는 했지만, '공부' 이야기가 나올 거예요. 단순히 줄을 세우고 평가하는 입시 공부가 아니라 인생을 살아갈 지혜를 배울 수 있는 진정한 공부의 세계를 소개하기 위해서입니다. 그럼 지금부터 그 여정을 함께 떠나 볼까요?

Part 1

공부가 싫은
이유는 뭘까?

실패자로 만드는
공부 감정

학습된 무기력은 열등감에서 시작

벼룩은 자기 몸의 200배 이상 높이 뛰어요. 강력한 뒷다리를 이용해 1m가 넘는 높이를 뛸 수 있어요. 사람으로 치면 80층 높이 건물을 뛰는 것과 같죠. 그런데 이 벼룩을 병에 몇 시간 동안 넣어 두었더니 병 밖으로 튀어나오지 못했어요. 세게 점프할 때 뚜껑에 부딪히자 벼룩은 더 이상 높이 뛰지 않았고, 그 높이에 적응해 버렸죠. 이처럼 무의식적으로 자기 스스로 낮은 목표를 정한 뒤 자신의 능력을 제한하는 현상을 두고 심리학에서는 '벼룩 효과'라고 해요.

우리는 무한한 가능성과 잠재력을 가지고 태어납니다. 하지만 크는 과정에서 다른 사람과 비교당하며 자신감이 사라지죠. 잘하는 것보다 못하는 게 더 많다고 느끼면서 열등감이 싹트기 시작합니다. 사전에서 열등감은 '다른 사람에 비하여 자기는 뒤떨어졌다거나 자기에게는 능력이 없다고 생각하는 만성적인 감정 또는 의식'이라고 하죠.

그래서 공부로 열등감에 빠진 사람은 자기 자신을 무능하고 무가치한 존재로 여긴답니다. 무의식적으로 자기를 쓸모없는 존재라고 생각하기도 하죠. 사실은 그렇지 않은데도 말이죠. 열등감은 블랙홀처럼 모든 부정적인 감정을 흡수한답니다. 결과적으로 합리적이고 이성적이지 못하고, 불안한 모습을 보이게 되죠. 심지어 남들이 이해하지 못하는 이상 행동을 보이도 해요.

안타깝게도 열등감에 사로잡히면 항상 경쟁에서 자기가 실패할 거라는 생각에 빠져 무기력한 모습을 보이기도 합니다. 아무리 공부해도 좋은 결과를 낼 수 없다고 생각하죠. 그러니 학교나 학원에서 수업을 듣지 않고 멍하니 정신 나간 표정을 하고 있거나, 꾸벅꾸벅 졸거나, 엎드려 자거나 하죠. 영화에서 보면 수업 안 듣고 창밖을 쳐다보는 주인공 얼굴이 떠오릅니다.

운동을 잘하는 사람, 음악을 잘하는 사람, 미술을 잘하는 사람 등 사람마다 잘하는 게 다르죠. 그런데 우리 사회는 학교에서 국어, 수학, 영어, 사회, 과학과 같은 과목 공부를 잘하고 성적이 잘 나오는 사람을 우등생이라 부르죠. 그렇지 못한 사람은 열등생으로 부르고요. 그렇게 계속 우등생이 되지 못하니까 자연스럽게 자기를 서서히 열등생으로 여기게 된답니다. 그리고 공부할 의지가 없으니 무기력해지죠.

무기력은 학습된 거예요. 태어날 때부터 가지고 나온 게 아니랍니다. 무엇보다 시험 성적이 중요한 사회에서 살아가면서 생겨난 거죠. 우리는 여기서 한 가지 생각해 봐야 해요. 과연 시험 성적이 우수해야만 똑똑하고 훌륭한 사람인 걸까? 아니오, 세상이 만든 틀에 맞게 공부하는 사람만 그렇다고 볼 수는 없죠. 우리가 잘 알고 있는 발명왕 에디슨과 천재 과학자 아인슈타인도 어린 시절에는 오히려 학교에서 열등생이었으니까요. 다행히도 그들은 세상이 만든 틀에 맞추려 하지 않았어요. 굴하지 않고, 자기만의 세상을 구축하며 학문을 탐구했답니다.

에디슨은 "이 아이는 머리가 너무 나빠 학교에서 가르칠 필요가 없는 아이입니다" 하는 평가를 받았죠. 시험에서 항상 꼴등이었고 문제아로 찍힌 에디슨은 학교를 그만두었죠. 하지만 다행히도 그의 어머니는 틀에서 벗어나는 건 '문제'가 아니라 '특별한 것'이라 믿었답니다. 그리고 에디슨을 도서관에 데려가 책을 읽으며 호기심을 해소해 주었죠. 도서관 절반에 해당하는 책을 읽었다는 일화로 유명해요.

아인슈타인도 "이 아이는 추후에 어떤 것을 해도 성공할 가능성이 없어 보인다"는 평가를 받을 정도로 학창 시절 학업 성적이 좋지 못했죠. 게다가 고등학교 졸업장이 없어서 대학에 진학할 수도 없었답니다. 우여곡절 끝에 대학에 갔지만, 강의에 거의 들어가지 않았어요. 대신 다른 사람과 대화를 나누거나 책을 보다가 호기심이 생기면 깊이 생각하곤 했죠. 결국에는 대학 성적이 너무 좋지 않아 취직할 수 없었고, 간신히 취직한 보험 회사에서는 바로 해고되었답니다.

대신 친구 아버지의 도움으로 스위스 베른에 있는 특허청에 겨우 취직할 수 있었어요. 특허청에서 일하는 동안 그가 생각하고 있던 '빛의 속도로 일정하게 운동'하는 것에 대해 깊이 고민했어요. 이 상상의 세계를 자신만의 논리로 구축하여 논문을 작성했죠. 이것이 바로 '특수상대성이론'이에요. 1905년에 발표된 이 논문으로 인류의 새로운 패러다임을 이끌게 되었죠.

에디슨과 아인슈타인 두 사람이 만일 계속해서 세상이 정해진 틀 속에서 열등생으로 평가받으며 살았다면 어땠을까요? 평생 열등생으로 남아 세상에 쓸모없는 존재로 살아갔을지도 모릅니다. 하지만 그들은 열등감과 무기력을 학습하지 않았답니다. 이를 이겨 내고 자기가 잘할 수 있는 일에 몰두했죠.

혹시라도 지금 내가 시험 성적이 잘 안 나오고, 학교 공부를 따라가기 힘들다면 고민해 보세요. 세상이 정한 틀에 맞게 내가 잘하는 건 없지만, 남들보다 내가 조금이라도 잘할 수 있는 건 없을까 말이죠. 만일 이 글을 쓰고 있는 저도 대학 입시에 실패했다고 패배자로 남아 있었다면 지금처럼 이렇게 활동할 수 있을까요? 아니오, 실패해도 계속 도전하고, 남들보다 더 노력하고, 내가 잘할 수 있는 일 혹은 좋아하는 일을 찾을 때까지 끝없이 노력했답니다. 덕분에 이렇게 글 쓰는 일이 즐겁고 신나고 잘할 수 있는 거라는 걸 찾게 되었죠.

일단 시작은 그나마 내가 좋아하거나 자신 있게 할 수 있는 일을 더 좋아하거나 더 자신 있게 할 수 있도록 노력해야 해요. 저도 언어가 좋아서 언어 관련 분야로 진로를 찾았고, 누군가를 돕는 일이 좋아서 교사를 꿈꾸게 되었거든요. 지금은 더 역량이 커져서 교사에 작가 일을 함께 하고 있죠. 이렇게 되기까지 20년 정도 걸렸답니다.

아마도 여러분은 저보다 더 빨리 방향을 찾을 수 있을 거라고 믿어요. 아직 저보다는 한참 젊으니까요. 물론 시행착오를 겪어야 해요. 실수나 실패 없이 성공은 없기 때문이죠. 그거 아세요? 같은 높이에서 매끄럽게 일직선의 길을 굴러가는 공과 굴곡이 있는 길을 내려가는 공 중에 어느 공이 빠른지 말이죠. 정답은 굴곡이 있는 길로 내려가는 공이 더 빠르답니다.

우리는 순탄한 인생길이 지름길이라고 생각하지만, 알고 보면 굴곡 있는 인생길이 더 빠른 지름길이라는 걸 모르고 살아갑니다. 지금 아무리 힘들고 어려운 상황이더라도 이것만 기억하세요. 여러분은 굴곡이 있는 길을 가고 있으니 인생의 지름길을 걷고 있다는 사실을 말이죠. 그동안 열등감으로 생긴 학습된 무기력은 벗어던지고, 다시 일어나길 바랍니다. 여러분도 할 수 있어요!

주의력과 집중력 부족이 산만함으로

혹시 ADHD라는 말을 들어 본 적 있나요? 얼핏 보면 마치 HD TV를 말하는 표현 같기도 합니다. 하지만 이 말은 주의력 결핍 과다 행동 장애(Attention Deficit Hyperactivity Disorder)의 약자입니다. ADHD로 시작한 이유는 다음과 같습니다. 주의력이나 집중력이 부족하거나 너무 의욕 충만하게 행동하는 사람은 알고 보면 치료해야 하는 상황에 놓이는 경우가 있기 때문입니다.

어릴 때 ADHD인 경우 주의 집중하기가 어렵습니다. 집중하라고 말해도 잘 고쳐지지 않죠. 수업 시간에 선생님이 말하는 걸 듣다가도 주변에서 다른 일이 생기면 바로 그 일에 반응합니다. 심한 경우 수업 시간 중간에 자리에서 일어나 소리 지르고 뛰어다니기도 합니다. 쉬지 않고 계속 움직이기도 하죠. 쉽게 말해 산만하고 정신없습니다.

문제는 수업 시간뿐만 아니라 시험 볼 때도 문제를 끝까지 읽지 않습니다. 문제를 제대로 읽지 않고 푸니까 정답을 고를 수 없죠. 그러니까 성적이 좋을 리가 없죠. 공부도 제대로 못 하고, 시험도 제대로 못 보니까 결과는 참담합니다. 공부가 하고 싶다고 느껴도 집중력이 낮으니 공부하기가 힘듭니다. 결국엔 하다 하다 못해 포기하게 되죠. 그런데 더 큰 문제는 공부만 문제가 아니라는 것입니다.

만일 성적이 좋지 않아서 대학에 가지 않기로 다짐했다고 가정해 봅시다. 대신 어떤 기술을 배우거나 아니면 단순한 업무를 하는 일을 하게 되었다고 생각해 봅시다. 그런데 집중력이 약하고 산만하면 어른이 되어서도 자기에게 주어진 일을 제대로 하지 못할 가능성이 매우 큽니다. 만일 위험한 일을 한다면 실수했다가는 크게 다칠 수 있고요.

안타깝게도 정확한 이유는 알 수 없지만, 어린 시절 ADHD인 사람은 15명 중 1명 정도로 발생한다고 해요. 물론 정도의 차이는 있겠지만, 이런 경우 어른이 되어서도 ADHD가 될 가능성이 적게는 30퍼센트, 많게는 70퍼센트까지 된다고 해요. 하지만 다행히도 ADHD는 약물 치료를 하면 많이 호전된다고 합니다. 뇌의 호르몬과 관련성이 높기 때문이죠. 하지만 심각한 경우가 아닌 일반적인 사람이면 약물보다 주변 생활 환경 또는 가까운 사람과의 관계에서 오는 영향이 더 중요하답니다. 자세한 건 ADHD 관련 증상에 대해 먼저 알아본 후에 정리해 볼게요.

1. 집중력이 부족해서 주요 과목(국, 수, 영, 사, 과) 공부하는 게 어렵다.

2. 친구들과 관계가 좋지 못하거나 잘 어울리지 못한다.

3. 혼자서 하는 폭력성 게임에 몰두하는 경향이 있다.

4. 성격이 급해서 실수가 너무 잦다.

5. 정교하고 섬세한 작업이 어렵다.

6. 자기 물건을 자주 잃어버린다.

7. 승부욕이 강해서 규칙을 바꾸려고 한다.

8. 놀이할 때 질 것 같으면 중간에 자리를 뜬다.

혹시 자기에게 이런 증상이 보이나요? 그렇다면 내가 머리가 나빠서 혹은 못난 사람이라서 공부를 못하는 게 아니라 ADHD 증상이 있어서 공부하는 게 어려운 사람이라는 걸 인식해야 합니다. 하나에 오래 집중할 수 없는 사람이라는 의미니까요. 지난 글에서 말했던 아인슈타인과 에디슨을 비롯해 천재 음악가 모차르트, 영국 수상 윈스턴 처칠, 세기의 화가 피카소와 레오나르도 다빈치도 ADHD 증상이 있었다고 해요.

현대로 와서는 우리 삶의 역사를 바꾼 철강왕 앤드루 카네기, 자동차 대량 생산에 성공한 헨리 포드, 끝으로 전 세계 컴퓨터 보급에 많은 영향을 끼친 빌 게이츠까지 모두 성인 ADHD가 있었던 것으로 알려져 있답니다. 이들은 어떻게 성공할 수 있었을까요? 바로 '창의력'과 '상상력'이 뛰어났기 때문이랍니다. 또한 다른 사람들에 비해 활력이 넘칩니다. 그러니 가만히 앉아서 틀에 맞춘 입시를 치르는 현대 교육 시스템에는 맞지 않지만, 충분히 성공할 수 있다는 것이 핵심이죠!

혹시 '위기를 기회로'라는 말을 들어 본 적이 있나요? 자기가 집중 못 하고 산만한 성향이라는 걸 알고 있다면, 오히려 좋은 기회로 살려 보길 바랍니다. 앉아서 하는 공부는 못하더라도 다른 일에 호기심과 에너지를 가지고 더 좋은 성과를 낼 수 있기 때문이죠. 앞서 말한 위인들처럼 말이에요. 그들도 어린 시절 ADHD 성향이 있었지만, 잘 극복하고 성공한 삶을 살았지요. 다시 말해, 세상이 만든 틀에 맞추어 살지 않고 자신이 좋아하는 일에 몰두하여 그 분야에서 최고의 전문가로 거듭났다는 말이에요.

여러분도 충분히 할 수 있어요! 지금 공부를 못해도, 성적이 나오지 않아도 괜찮아요. 나에 대해 정확히 알고 내 장점을 끌어낼 수 있다면 충분히 훌륭한 인생을 살 수 있으니까요. MIT 및 와튼 스쿨을 졸업하고, 변호사 시험에 합격해 미국 5대 로펌에 들어간 서동주 변호사의 경우에는 평생 10분짜리 집중력으로 공부했다고 해요. 심지어 허리가 아파 누워 있는 자세로 공부해서 '닌자 공부법'이라고도 부른답니다.

10분 동안은 자기가 해야 하는 공부를 하고, 집중력이 떨어진 10분 후에는 잠시 쉬거나 자기가 하고 싶은 걸 하는 거예요. 근데 또 집중력이 떨어지니 그때는 다시 공부하는 거죠. 대신 이렇게 하루 종일 지내면 10분이 20분이 되고, 20분이 30분이 되어, 결국엔 남들이 집중해서 공부하는 만큼은 아니지만, 어느 정도 공부량을 채울 수 있죠. 그렇게 시간은 조금 더뎠지만 훌륭한 변호사로 거듭날 수 있었답니다.

그렇다고 여러분도 똑같이 전문직인 변호사를 하라는 말은 아니에요. 우선 여러분이 하고 싶은 분야를 찾고, 이런 방식도 있으니 너무 좌절하지 말고 희망을 꿈꾸라는 의미입니다. 학교에서 공부를 못해도 좋습니다. 성적이 나오지 않아도 괜찮습니다. 집중력이 약해도 산만해도 괜찮습니다. 심하면 치료하고, 심하지 않으면 자신만의 방식으로 즐겁고 행복한 삶을 살 수 있도록 노력하면 되니까요.

주의력이 부족하고 산만하다고 남들이 정한 기준에서 꼴등으로 살아갈지, 자기가 정한 기준에서 1등으로 살아갈지 선택하는 건 여러분의 몫이에요. 그러니까 너무 성급하게 자신을 공부 못하는 사람으로 판단하지 않기로 해요. 여러분은 남들과 다른 어딘가 다른 분야에서 가장 우수하게 평가받을 수 있는 사람이라는 걸 잊지도 말고요. 알겠죠?

그건 절박함이 없기 때문이지

우리는 누구나 인정받고 싶은 욕구가 있습니다. 공부에서도 마찬가지예요. 세상에는 공부를 못하는 사람은 있어도 공부를 잘하고 싶지 않은 사람은 없습니다. 누구나 공부를 잘하고 싶고, 인정받고 싶다고 생각하기 때문이죠. 하지만, 그게 생각처럼 쉽지 않네요. 공부가 어렵다고 느껴지기 때문이고, 나는 해도 안 될 거라는 두려움을 갖기 때문이죠.

저는 공부를 잘하지 못하게 가로막는 이 두 가지 이유가 공부에 대한 절박함이 없기 때문이라 생각해요. 잘하고는 싶은데 노력을 하지 않는다는 말이기도 해요. 한번 생각해 보세요. 내가 얼마나 공부에 간절한지 말이죠. 당장 공부를 안 하면 내 삶이 무너지나요? 아니오, 정말 어려운 상황에 놓인 게 아니라면 대부분 그렇지 않을 거예요.

과거에는 말 그대로 먹고사는 문제가 컸어요. 지금도 물론 일부 국가에서는 심각한 문제지만, 대부분 물질적 풍요 속에 살고 있기에 그렇게 절박하지 않죠. 공부를 잘해서 명문대에 가고, 대기업에 취업하는 것이 인생 역전을 하는 시대도 아니고요. 그러니 공부를 열심히 할 이유가 없죠. 하지만, 성적이 잘 나오지 않으니 기분은 별로입니다. 공부 못하는 사람으로 찍힌 것 같고요. 그런데도 매일 공부는 하지 않습니다. 결국엔 제자리걸음을 할 뿐이죠.

혹시 우리나라 최고 명문 대학인 서울대에 간 학생들의 인터뷰를 본 적이 있나요? 교과서로만 공부했다거나, 잠을 충분히 자면서 공부했다거나 하는 등 식상한 답변만 하는 것 같죠? 저도 한때는 이렇게 생각했어요.

'서울대 가는 사람은 분명히 머리가 좋아서 그럴 거야. 혹은 사교육을 잘 받아서 선행이 잘 되어 있으니 유리했을 거야.'

나중에 교육 전문가로 활동하면서 자료를 찾다가 놀라운 사실을 발견합니다. 서울대 재학생 3,000명을 조사한 결과 일반 학생들보다 최소 3배 이상 공부에 시간을 투자했다는 것이었죠. 이렇게 이야기하면 감이 잘 안 올 테니 예를 한번 들어 볼게요.

한 서울대생이 말하기를, "저는 매일 8시간씩 자면서 공부했습니다" 라고 했죠. 우리는 이 말을 보면서 두 가지 생각을 합니다.

'에이, 거짓말이겠지' 혹은 '나도 8시간 자면서 공부하는데 나는 왜 안 되지?'

그리고 또 서울대생은 이렇게 말합니다.

"그런데 공부하는 게 정말 힘들었어요."

서울대생도 공부가 힘들다고 하는 것은 알겠는데, 왜 힘들었을지 궁금하지 않나요? 서울대생은 이유를 말합니다.

"매일 8시간씩 잠을 잔 것은 맞지만, 평일, 주말, 공휴일 하루도 빠짐없이 나머지 시간에는 공부했으니까요."

네, 맞습니다. 함정이 있었습니다. 바로 우리는 '매일'이라는 말에 초점을 두지 못했던 것이죠. 서울대에 간 학생이 우리와 다른 한 가지는 딱 하나입니다. 그들은 매일 공부했다는 사실이죠. 그렇다면 왜 그렇게 매일 꾸준하게 공부했을까요?

많은 이유가 있겠지만, 절박함이라는 것에 초점을 두고 이야기해 볼까 해요. 우리는 매일 공평한 기회를 부여받습니다. 실제 신은 우리에게 매일 8억 6천 400만 원을 줍니다. 하지만 안타깝게도 하루가 지나면 이 돈은 다 사라집니다. 눈치챘겠지만, 하루 24시간을 분으로 하면 1,440분이고, 초로 바꾸면 86,400초입니다. 우리는 매일 똑같은 시간을 선물로 받았습니다. 다만 어떻게 쓰는지에 따라 우리 인생이 달라질 뿐이죠.

안타깝게도 세상에서 유일하게 공평하게 받는 선물은 이것 하나뿐입니다. 사람마다 수명이 다르기 때문이죠. 하지만, 하루 24시간은 누구에게나 똑같이 부여됩니다. 이 점을 서울대에 진학한 학생들은 깨달은 거예요. 성인이 되어 독립해야 하는 시기가 오기 전에 세상과 싸울 무기를 부지런히 만들고자 하는 절박함을 느낀 것이죠.

학생으로서 할 수 있는 게 뭐가 있을까요? 사람마다 상황이 다르겠지만, 일반적인 상황이라면 아직 경제 활동할 능력이 부족하죠. 게다가 물질적인 것 말고도 정신적으로도 매우 미성숙한 상태죠. 물질적, 정신적 독립을 모두 이루기 위해 학생으로서 할 수 있는 것은 딱 하나밖에 없습니다. 바로 '공부'입니다. 꼭 시험을 잘 보기 위한 공부가 아닌, 이 험난한 세상에서 스스로 독립하기 위한 공부 말이에요.

요새는 늦은 나이까지 부모가 도와주어서 캥거루족이니 뭐니 하는 신조어도 생겼지만, 결국 우리는 혼자 살아갈 수밖에 없습니다. 스스로 삶을 개척해야 하고요. 그런 면에서 10대라는 시기는 가장 약한 존재이기도 하지만, 가장 준비를 잘할 수 있는 시기이기도 하답니다. 하지만 이 사실을 많은 10대가 잘 모르죠. 그래서 한정된 시간을 소중하게 사용할 줄 모르고 아깝게 흘려 버린답니다. 이제는 진실을 알았으니 생각을 바꿔 보는 게 어떨까요?

그런데 단순히 공부를 열심히 해서 시험을 잘 봐야겠다는 생각은 너무 좁은 생각입니다. 우리의 목표는 대학 입시가 아니라 그 이후 우리의 독립된 삶입니다. 이왕이면 즐겁게 행복하게 살 수 있는 삶을 그려 보는 거예요. 다시 말해, 왜 살아가야 할지 그리고 어떻게 살아가야 할지 고민하라는 말이에요. 자꾸만 무엇이 되려고 하지 말고, 앞선 두 단계를 먼저 따져 봐야 한답니다.

여러분은 왜 공부해야 하나요? 잠시 고민해 보시길 바랍니다. 만일 이유가 잘 떠오르지 않는다면, 제가 조금 도움을 드려 볼게요. 일단 누구에게나 소중하게 주어진 하루 24시간을 아깝지 않게 보내기 위해 내가 무엇을 할지 고민해 보세요. 학교든 학원이든 만날 수업은 안 듣고, 잠만 자고, 떠들고, 그렇게 허송세월 보낼 건가요? 나에게 주어진 상황에서 그 순간에 최선을 다하는 게 최고의 방법이에요. 어차피 주어진 시간에 해야 할 일이 있다면, 그 시간에 내가 얻을 수 있는 게 무엇이 있을지 고민해 보세요.

만일 그것도 찾지 못하겠으면, 그냥 속는 척 제 말을 믿어 보세요. 일단 나와 관련이 없는 수업이라도 집중해서 들어 보는 거예요. 지금 얻게 된 지식과 정보가 내가 살아가는 데 언젠가 쓰일 수 있다고 믿어 보는 거예요. 그럼 손해 볼 게 없지 않나요? 오히려 그 시간을 나를 위해 소중하게 보냈으니 더 좋은 거죠.

저도 학창 시절에 수학이 재미도 없고 어렵기만 해서 쓸데없이 왜 배우나 생각했어요. 그런데 어른이 되어 보니 수학을 공부하는 과정에서 분명히 배울 게 있더라고요. 꼭 수학 문제 정답을 맞히지 않더라도 나에게 생활적인 문제가 발생했을 때 여러 방법으로 해결책을 찾는 과정을 미리 연습해 볼 수 있답니다. 운 좋으면 실제 수학 공식을 써먹을 일도 있고요. 저도 이제야 아쉬운 게 은행 대출금 관련해서 이자 계산할 때 다시 수학 공식을 써야 하는데 모르니까 답답하더라고요.

내가 지금 배우는 무언가가 언젠가는 쓰일 일이 있다는 사실을 기억하세요. 오늘 하루를 보람차게 보내면 8억 6천 400만 원을 아깝게 낭비하지 않을 수 있다는 사실을 잊지 마세요. 그리고 만일 절박함이 생겼다면, 또 다른 위기가 찾아올 수도 있어요. 절박한 마음에 내 능력에 비해 높은 목표를 정해서 좌절감이 올 수도 있거든요. 그래도 무기력함보다는 절박함이 낫다고 생각해요.

간절함과 절박함으로 하루를 보내면 적어도 남는 게 있으니까요. 그렇게 하루 하루 매일 쌓여서 한 달이 되고, 일 년이 되면 분명히 성장한 자신을 발견하게 될 거예요. 당장 물질적인 독립은 어려울지라도 적어도 지적으로 혹은 정신적으로 성장이 이뤄져서 분명히 성숙한 나를 만나게 될 거예요.

만일 무언가에 도전해 성취했다면 내가 정말 죽을 만큼 노력했기에, 우주를 감동시킬 만큼 절박함으로 노력했기에, 높은 '자존감'이 남게 될 거예요. 실제 학창 시절에 공부로 성공감을 맛보았기에 나중에 성인이 되어 어려운 일이 있어도 이겨 내고 또 성공해 내는 힘이 있거든요. 여러분도 꼭 그 기분을 느끼기를 바랍니다. 최소한 내가 공부해야 할 이유, 혹은 내가 하루를 열심히 살아야 할 이유를 찾으면 반은 성공이니까요.

시기적으로 불안정한 감정

공부를 잘하려면 무엇보다 꼼꼼해야 합니다. 그래야만 새로 배우는 정보와 지식을 놓치지 않고 모두 잡을 수 있으니까요. 하지만 학교에서 알려 주는 일정도, 수업 시간에 제시한 과제도, 종례 시간에 선생님이 부모님께 전달하라는 사소한 안내 사항마저 자꾸만 놓칩니다. 공부가 문제가 아니라 기본적인 생활부터 삐거덕 삐거덕거립니다.

공부는 차분한 성격이어야만 잘할 수 있을까요? 만날 덤벙거리고 성급하게 행동하는 사람은 공부를 잘할 수 없는 걸까요? 우리가 살아가면서 필요한 지혜를 얻기 위한 공부, 그리고 일상생활에서 좀 더 똑똑하게 계획을 실천하는 모습을 기르기 위해서는 어느 정도 정리가 필요할 듯합니다.

성격은 사람마다 다를 수 있겠지만, 대체로 여자는 차분하고 남자는 정신없다는 말을 많이 합니다. 심지어 얼마나 아들을 키우기 힘들면 아들이 있는 부모를 위한 《아들의 뇌》라는 책까지 나왔을까요. 선천적으로 여자와 남자는 뇌 구조가 다르다는 말도 많이 들어 봤을 거예요. 뇌 과학적으로 보면 사실입니다. 시기상으로도 남자보다 여자가 더 빨리 성숙하거든요. 감정을 통제하는 전두엽이 형성되는 시기가 여자는 평균 24세, 남자는 30세라고 해요. 정신 연령이 여자가 훨씬 높다는 말도 이런 이유에서 나온 거랍니다.

남녀를 구분하려고 이런 설명을 한 것은 아닙니다. 남녀 구분 없이 감정적으로 불안정한 시기에 관한 이야기를 하기 위해서 물꼬를 튼 것이죠. 혹시 '미운 네 살'과 '중2병'이라는 말 들어 보셨나요? 이 말도 그냥 있는 게 아닙니다. 뇌과학적으로 증명된 시기입니다. 뇌는 생애 두 번 가지치기라는 것을 해요. 나에게 필요한 건 더욱 견고하게 남겨 두고, 불필요한 건 가지를 쳐서 없애 버리죠. 이 시기가 만 3세와 만 13세 정도입니다. 우리나라 나이로는 4살과 중2에 해당하는 14살이죠.

뇌가 불안정하게 변화하고 있으니까 감정이 더 통제가 안 되는 거랍니다. 4살 때는 공부와 거리가 있으니 중2병 시기에 관해서 이야기하려고 합니다. 불안정한 감정 때문에 갑자기 화도 나고, 짜증도 부리고, 부모님과 싸우기도 하죠. 공부는 더욱 하기 싫고요. 기분이 안 좋은데 무슨 공부를 하겠어요. 학교조차 가기 싫을지도 모릅니다. 학교라도 잘 다니고 있다면 다행이지요.

동시에 이 시기는 세상에서 나라는 존재가 어떤 존재인지 고민하는 시기예요. 그러니까 머리가 더 복잡하죠. 내가 왜 살아야 하는지부터 시작해서 어떻게 살아가야 할지 계속 생각하죠. 어려운 말로는 자아 정체성을 찾아간다고 합니다. 이 세상에서 '나'라는 존재를 인식하는 행위죠. 당연히 인간으로 태어났다면 이런 과정이 매우 중요하답니다. 우리 삶을 어떤 방향으로 가지고 갈지 정하는 시간이니까요.

하지만 거꾸로 생각해 보면 방황의 시기라고 볼 수 있어요. 아직 정해진 게 아무것도 없으니까요. 일명 '사춘기'라고 하죠. 개인차가 있겠지만 요새는 사춘기가 빨리 온다고 해요. 2차 성징이 빨라지면서 호르몬 변화도 더 빨리 일어나기 때문이죠. 사실 우리 감정은 호르몬의 영향을 많이 받아요. 스트레스로 우울증에 걸리면 일부러 호르몬을 조절하기 위해 약을 처방하는 이유도 여기에 있답니다.

남자는 성호르몬 테스토스테론이 증가합니다. 그래서 사춘기 시기가 되면 부모님과 평소 대화를 잘하던 남자아이들도 갑자기 부모와 대화하는 걸 불편해합니다. 가족과 외식도 잘 안 하려 하고 만날 자기 방에 틀어박혀 있는 걸 좋아하죠. 그래서 혼자 게임에 빠지는 경우가 많아요. 갑자기 사춘기로 조용해졌다면 이런 이유가 있다는 걸 알고 있으면 마음이 편해질 거예요.

여자는 성호르몬 에스트로겐이 증가합니다. 그래서 여자는 스트레스에 취약해지죠. 만성 스트레스는 우리 몸의 항상성을 파괴하여 불안정한 감정을 키웁니다. 특히 불안 혹은 우울과 같은 심리적인 부분에 많은 영향을 끼치죠. 게다가 여자아이들은 이미 뇌가 성숙해져서 감정을 변연계가 아닌 대뇌피질로 느낍니다. 감정을 이해하니까 부정적인 감정이 들면 불쾌감이 드는 것이죠. 그래서 짜증을 더 많이 낼 수 있지요.

제가 말하고 싶은 요지는 바로 사춘기 시기에 공부가 힘든 이유는 다름 아닌 불안정한 '감정' 때문이라는 것입니다. 머리가 나빠서 공부를 못하는 게 아니라 시기적으로 공부하기에 어려운 상황에 놓여 있다는 거예요. 하지만 평생 그 시기에 머무는 게 아니기에 걱정하지 말라고 말하고 싶은 거죠. 오히려 그 시기를 어떻게 하면 잘 보낼 수 있을까 미리 생각해 보라는 겁니다.

그런데 주변을 보면 이런 시기에서도 자신의 삶에 대한 분명한 방향성을 가지고 열심히 노력하는 사람을 볼 수 있을 거예요. 꿈을 이루기 위해서 공부도 열심히 하죠. 꼭 학교 시험공부가 아니라 자기에게 필요한 공부를 한다는 의미예요. 부정적인 감정 혹은 불안정한 감정은 누구나 느낄 수 있어요. 다만 감정을 어떻게 다스리느냐에 따라 어떻게 그 시기에 시간을 보내게 되는지 달라질 수 있다는 거죠.

우리에게 똑같이 주어진 시간을 기분이 나쁘다고 매일 망치면서 살아갈 건가요? 아니면 그런 감정이 드는 건 당연하다는 걸 인정하고, 어떻게든 조금이라도 행복하게 살아가려고 노력할 건가요? 모든 건 마음먹기에 달렸습니다. 원효 대사가 어둠 속에서 마신 썩은 해골 물도 맛있는 물이 될 수 있는 것처럼 말이죠. 우리의 상황이 어렵고 힘들지만, 오히려 위기를 기회로 만들어 보는 건 어떨까요? 다들 같은 상황이니까 나는 먼저 극복하고 내 갈 길을 정하기 위해 노력하는 건 어떨까요?

계속 말하지만, 꼭 시험을 위한 공부가 아니어도 좋습니다. 지금 여러분이 처한 상황에서 최선을 다하라고 말하고 싶습니다. 건강을 위해 운동해도 좋고요. 참고로 운동은 정신 건강에도 매우 큰 영향을 끼칩니다. 마음의 양식인 독서를 해도 좋고요. 취미 생활로 악기를 배우거나 그림을 그려도 좋습니다. 뭐든 집중할 수 있는 것을 하나 만들고, 감정 다스리기에 힘써 보시길 바랍니다. 단, 게임은 오히려 우리 뇌를 파괴할 수 있으니 너무 지나치지 않도록 하면 좋겠습니다.

약속을 잘 지키지 않는 것도 문제야

　우리는 살면서 하루에 몇 번이고 약속합니다. 바로 나 자신과의 약속을 말이죠. 하루를 어떻게 보낼지 계획하고 실천하기를 반복합니다. 하지만 이런 마음이 들지 않는다면, 일상뿐만 아니라 공부 습관에도 적신호가 생길 수밖에 없죠. 공부가 하기 싫은 이유는 여러 가지가 있지만, 공부 습관이 생기지 않은 것도 하나의 문제가 될 수 있어요.

　평소 여러분은 약속을 잘 지키나요? 나를 포함하여 다른 사람들과의 약속 말이에요. 특히 시간 약속을 잘 지키는지 궁금해요. 여러 명이 약속을 잡으면 사람마다 정각에 딱 맞춰, 조금 일찍, 조금 늦게 오는 경우 등 시간을 지키는 모습이 다르죠. 약속 장소에 일찍 도착하거나 정각에 맞춰서 오는 건 문제가 되지 않아요. 하지만 매번 약속에 늦는다면 그건 문제가 될 수 있답니다. 항상 시간을 잘 지키지 못하는 습관에 빠져 있기 때문이죠.

　시간 관리는 공부뿐 아니라 우리가 살아가는 삶에 있어서 매우 중요한 요소예요. 매일 우리는 해야 할 일을 부여받고 살아갑니다. 물론 내가 하고 싶은 일을 할 수도 있지만요. 어른은 일하고, 학생들은 공부하고, 어린이들은 놀지요. 아마 이 책을 읽고 있는 독자라면 학생일 가능성이 크니까 공부에 초점을 맞춰 볼게요.

학생 때 왜 공부해야 하는지 알고 있나요? 아직 미성숙하기 때문이에요. 어른이 되어 거친 파도가 넘실거리는 세상이라는 바다로 나아가려면 준비해야 하는 시기라는 의미죠. 공부는 꼭 시험을 위한 공부는 아니라고 몇 번이고 말했죠? 맞아요. 세상의 정보와 지식을 배우고 익혀서 삶의 '지혜'로 만드는 것이 진정한 공부이기 때문이랍니다.

그런데 하루하루 충실하게 계획을 세우고 실천하지 않는다면 어떻게 될까요? 아무런 생각도 없고, 방향성도 없이 바다에 표류하고 있는 상황이 되겠죠. 그럴 때 갑자기 폭풍우라도 몰아치면 내가 타고 있는 배는 부서질 거예요. 운 좋으면 살겠지만, 폭풍우가 지나가면 고통스러운 결과가 기다리고 있겠죠. 우리 삶도 마찬가지예요. 하루하루 충실하게 보내지 않고 방황만 하면 폭풍우에 대비하지 못하고 내가 타고 있는 배는 산산조각이 날 거예요.

그러면 어떻게 해야 할까요? 이제 사실을 알았으니 움직여야죠. 사소하지만 일상에서 하게 되는 약속부터 지켜 보세요. 시간을 지키고 약속을 지키는 일이 몸에 배어 있어야 내가 하고 싶은 공부를 할 때도 계획과 실천이 동시에 이뤄질 수 있답니다. 사소하게 지켜야 할 것은 어떤 것들이 있을까요?

아침에 일어나서 이불 정리하기, 세수하고 머리 감기, 아침 식사 거르지 않기, 하루 3번 양치하기 등 일상과 관련된 다양한 일부터 잘 지켜 보는 거예요. 실제 성공한 사람들은 아침에 이불 정리하기에서 하루가 시작된다고 말해요. 그 작은 일부터 성공함으로써 계속 성취감이 쌓여 하루를 완성하고, 일주일을, 한 달을, 일 년을 완벽하게 보낼 수 있다고 하죠.

물론 사소한 일이 귀찮은 일이기도 해요. 아침에 눈 비비고 일어나 졸린 상태에서 이불을 정리하려니 너무 귀찮죠. 그런데 그게 시작이랍니다. 시작이 반이라는 말이 있는 것처럼, 첫 단추를 잘 채워야 하루를 행복하게 보낼 수 있죠. 이렇게 하나씩 사소한 일을 잘 지켜 나가면 내가 잘할 수 있을 거라는 자신감을 가지게 됩니다. 나아가 나를 사랑하는 감정인 '자존감'을 기를 수 있죠.

우리 삶에서 '자존감'은 정말 중요해요. 무엇보다 나를 사랑하고, 내가 잘할 수 있을 거라는 믿음이 있어야 자신 있게 삶을 살아갈 수 있잖아요. 그런데 이 감정이 배움에 있어서 정말 중요하답니다. 우선 내가 해야 할 일이 있을 때 나를 위해서 하기 때문에 몸이 움직이죠. 또한 행여나 어려움이 있어도 할 수 있을 거라는 믿음이 있기에 포기하지 않고 끝까지 해내려고 노력합니다. 자존감은 우리를 오뚝이처럼 쓰러지지 않게 해 주는 감정이거든요.

사소한 약속을 지키는 일이 이렇게 자존감과 연결된다는 사실을 알고 있으면, 이제 삶이 달라질 거예요. 하루를 생각 없이 대충 살아서는 안 되겠다는 생각이 들기에 그렇죠. 종일 공부만 하라고 말하는 게 아니에요. 일단 사소한 행동이라도 잘 해내라고 말하는 거예요. 그게 습관이 되고 루틴이 되면 자연스럽게 어떤 일을 하더라도 잘 해낼 수 있게 된답니다.

나중에 정말 하고 싶은 일이 생겼을 때 몰입해야 하는데, 이런 사소한 일상이 무너지면 집중하기가 어렵거든요. 약속을 잘 지키는 일상을 만드는 일은 나무가 뿌리를 내리는 것과 같아요. 뿌리가 튼튼해야 나무가 무럭무럭 자랄 수 있기 때문이죠. 일상생활이 철저하게 지켜지면, 나무 줄기부터 가지 끝까지 쭉쭉 뻗어 나가게 될 거예요. 내 삶에 큰 나무가 심어지게 되죠.

　잠시 상상을 해보세요. 내가 튼튼한 나무로 살아갈 것인지, 풍파에 뿌리가 뽑히는 앙상한 나무가 될 것인지 말이에요. 내가 만일 지금 공부를 못하고, 성적이 나오지 않는다면 공부의 문제가 아니라 '약속 지키기'부터 잘 되고 있는지 확인해 봐야 합니다. 뿌리가 아직 내리지 않았는데 어떻게 나무 몸통이 자랄 수 있겠어요.

　희망적인 것은 뿌리를 깊게 내리면 더 높이 자랄 수 있다는 거예요. 대나무는 4년 넘게 뿌리만 내린다고 해요. 대신에 뿌리가 자리 잡으면 6개월 만에 30미터가 넘는 나무로 자라죠. 여러분도 어쩌면 지금 뿌리를 내리는 시기를 보내고 있을지 몰라요. 그런데 대충 뿌리를 내리면 나중에 잘 자랄 수 없으니 오늘부터라도 하루하루를 소중하게 여기고 작은 것부터 실천하고 약속을 지키는 삶을 살아 보길 바랍니다.

2

공부를 어렵게
만드는 원인

세상에는 재미있는 게 너무 많아

　공부하는 게 재미있을까요, 쉬거나 노는 게 더 재미있을까요? 당연히 후자죠. 이건 아이들이나 어른, 누구에게 물어봐도 똑같을 거예요! 게다가 세상에는 공부보다 재미난 것이 넘쳐난답니다. 특히 행복감을 쉽게 느끼게 해 주는 게임이나 유튜브 영상은 우리를 자주 유혹하죠. 한번 시작하면 눈을 뗄 수가 없을 정도니까요.

　하루 루틴을 철저하게 지키는 저도 유튜브 영상을 우연히 보게 되면 1시간 정도는 순식간에 지나가더라고요. 우리가 달콤한 초콜릿을 좋아하듯이 우리의 뇌는 빠르게 바뀌는 화려한 영상을 더 좋아한답니다. 그 이유는 행복감을 느끼게 하는 도파민이라는 호르몬이 나오기 때문이에요.

　여러분은 공부보다 더 좋아하는 게 뭔가요? 누군가는 운동을 더 좋아할 수도, 미술을 더 좋아할 수도, 음악을 더 좋아할 수도 있을 것 같아요. 학교에서 시험 보는 국어, 수학, 영어, 사회, 과학 과목이 아니라 재미있는 활동으로 배우고 즐길 수 있는 과목이 더 좋잖아요. 물론 누군가는 주요 과목을 배우고 익히는 걸 좋아할 수도 있을 거예요. 하지만 대부분은 자기가 좋아하는 분야의 활동을 더 좋아할 거라 생각합니다.

우리나라에는 직업이 11,000개 정도 된다고 해요. 미국은 30,000개가 넘고요. 세상에는 우리가 생각한 것보다 더 많은 다양한 직업이 있어요. 특히 요새는 인공 지능과 같은 IT 기술 분야에 관한 관심이 크죠. 코딩하기 위해 C언어나 파이썬과 같은 프로그래밍 언어를 배우기도 하고요. 그런데 이런 분야에 관한 관심이 없는 사람도 있겠죠. 어떤 사람은 요리에 흥미가 많을 수도 있으니까요. 사람마다 좋아하는 게 천차만별일 거예요.

그런데 학교에서는 가만히 자리에 앉아서 수업 듣고 배운 내용을 시험을 통해 평가하고 줄을 세우죠. 그렇게 받은 점수를 가지고 우리는 대학 입시를 준비하고요. 이게 일반적인 학교에서 진로를 정하는 모습이에요. 하지만 세상에 직업이 많은 것처럼 학교를 선택할 때 다양한 기회가 있어요. 중학교도 자기 관심 분야와 관련된 특수한 학교에 진학할 수 있고, 고등학교는 더 다양하게 나뉘죠.

일반고를 비롯하여 외국어, 국제, 예술, 체육 분야 등 특수한 목적을 가진 경우에는 특목고에 진학합니다. 공업, 농생명산업, 상업 및 정보, 수산 및 해운, 가사 및 실업, 예술(애니메이션특화) 계열에 관심이 많다면 특성화고등학교에 진학할 수 있죠. 과학 분야에 특출한 역량을 가진 경우에는 과학고나 영재고에 진학할 수도 있고요. 이렇게 고등학교는 다양하게 분화되어 있답니다. 게다가 2025년부터 고교학점제가 적용되면서 자기가 원하는 과목을 선택해서 수업을 들을 수 있답니다.

어찌 보면 과거보다 선택의 폭은 넓어진 느낌입니다. 꼭 자기가 좋아하지 않는 과목이 있더라도 억지로 공부할 필요가 없으니까요. 관심 분야의 과목을 선택해서 원하는 대로 학점만 이수하면 졸업할 기회가 생겼지요. 사실 획일화된 교육과정과 입시 시스템 아래서 우리는 하기 싫은 것도 해야 합니다. 그러면 못하는 과목이 생길 것이고, 결국에는 한 가지는 잘해도 나머지를 못하면 공부 못하는 사람으로 전락하죠.

내가 하고 싶은 것, 내가 좋아하는 것은 따로 있는데 계속 학교에서는 정해 놓은 것만 잘하라고 하니까 공부가 어려운 거죠. 그동안 공부를 못했던 이유는 자기 잘못이 아니었답니다. 세상이 만들어 놓은 틀에 맞추라고 계속 강요했기 때문에 할 수 없었던 거예요. 국어를 잘해도 나머지를 못하면 공부 못하는 사람이 되는 게 현실이니까요.

다행인지 불행인지 모르겠지만, 이제는 여러분도 자기가 하고 싶은 분야 혹은 잘할 수 있는 분야를 중심으로 공부할 수 있으니 공부 잘하는 사람으로 거듭날 수 있을 거예요. 입시 제도가 지금 그대로 바뀌지 않는다면 또 어떻게 될지 모르지만, 희망을 꿈꿔 봐야죠. 다양성을 존중하는 세상으로 바뀌기를 바라면서 말이죠.

저는 대학 입시를 끝낸 지 20년이 지났지만, 아직도 매일 공부합니다. 시험을 보기 위한 공부는 재미가 없었어요. 그런데 내가 궁금한 내용을 찾고 정리하는 시간은 즐겁습니다. 그리고 세상에는 정말 다양한 지식과 정보가 있어요. 학교에서는 자세히 다루지 않았던 다른 정보가 넘쳐납니다. 개인적으로 요새 저는 '뇌과학'에 흠뻑 빠져서 다양한 루트를 통해 정보를 얻습니다. 책, 영상, 강연 등 다양한 매체를 통해서 말이죠.

공부로 좌절하던 시기에 저도 한때 게임에 빠졌어요. 상위 5퍼센트 등수까지 기록했죠. 현실 도피할 수 있어서 좋았고, 온라인 세상이기는 하지만 내가 인정받으니까 너무 재미있었죠. 물론 매일 꾸준하게 하니까 게임 실력도 올라가서 승률은 더 쌓여 갔고요. 지금 생각해도 그때는 밥 먹는 것도 잊을 정도로 너무 재미있어서 게임에 몰입했던 것 같아요. 덕분에 성적은 곤두박질쳤죠. 모든 것은 기회비용이라는 게 있어요. 얻는 게 있으면 잃는 게 있는 법이죠.

취직하고 나서도 일하는 시간 외에는 축구 게임에 빠져서 한동안 즐겁게 시간을 보냈던 것 같아요. 당연히 일하는 것보다 재미있으니까 했겠죠? 지금은 독서와 글쓰기를 좋아하는데 그때는 게임이 왜 그렇게 재미있었나 모르겠어요. 후회는 없지만, 지나고 나니까 인생에 특별히 남는 것이 없더라고요. 순간적인 즐거움과 쾌락만 있을 뿐이죠.

하지만 지금은 3년 동안 300권 가깝게 책을 읽었어요. 그동안 살아오면서 몰랐던 세상의 진실을 알게 되었죠. 독서와 공부는 일맥상통하는 부분이 많아요. 모르는 것을 점점 알게 된다는 점에서 말이죠. 저는 다양한 분야의 책을 읽으며 세상을 보는 눈을 가지게 되었고, 계속 성장한다는 느낌을 많이 받았어요. 전보다 아는 게 많아졌기 때문이에요.

아는 게 많아질수록 삶이 변하는 걸 느꼈어요. 그동안 눈앞에 보이는 세상만 보고 살았다면, 독서로 깨우친 세상은 더 크고 넓다는 걸 알게 되었기 때문이죠. 학교에서 배우는 과목은 정말 세상의 극히 일부에 불과해요. 고작 그 지식을 얻지 못했다고 실패한 인생이라고 규정하면 안 됩니다. 세상에 더 재미있는 정보와 지식이 넘치니까요.

독서를 하며 깨달은 것 중 하나는 학교 교육의 시작은 제국주의 시대 노동자 계급을 만들기 위한 대량 생산 교육의 잔재라는 거예요. 오히려 귀족 교육은 독서하고, 사색하고, 토론하고, 다양한 스포츠를 통해 심신을 단련하는 거라고 합니다. 그게 엘리트 교육이지 학교 교육은 식민 지배 계급을 양산하는 교육이래요. 저는 이 말이 너무 충격이었어요. 우리는 왜 식민 교육에 목숨을 거는지 말이죠.

하고 싶은 말은 바로 이거예요. 세상의 정보와 지식은 바다와 같다,

넘치고 넘친다는 말이죠. 지금 당장 학교에서 배우는 내용을 내가 잘 이해하지 못하고 모른다고 해도 절망하지 말라는 거예요. 세상에는 더 흥미로운 일이 많으니까요. 비록 그동안 내가 공부 못하는 사람이 되었더라도 걱정하지 마세요. 아직 기회는 많아요. 단, 저처럼 책을 읽으며 모르는 것을 깨우치는 습관은 꼭 가져야 할 거예요.

수업을 못 따라가는 건
어휘력과 문해력 탓

　학교 수업 시간에 배우는 내용이 왜 이해가 안 되는지 한 번이라도 곰곰이 생각해 본 적 있나요? 아마 지금 공부가 어려운 사람 중에는 초등학교 때까지는 별로 문제가 없었을지도 몰라요. 그런데 중학교에 올라가서 한 번 좌절하고, 고등학교에 가서는 완전히 포기하게 되었을 거예요. 가장 큰 이유는 다름 아닌 학교에서 교과서로 배우는 내용에 나오는 어휘를 잘 몰라서일 가능성이 커요.

　우리 말에는 한자어가 꽤 많이 있어요. 우리 말인 한글이 만들어지기 전에는 과거 강대국인 중국의 영향을 많이 받았기 때문이죠. 요새는 한자를 학교에서 필수로 배우지 않죠? 그래서 더욱 우리 말을 이해하기가 어렵답니다. 아래 제시된 글을 읽으며 밑줄 친 어휘 외에 혹시 이해가 안 되거나 어렵다고 느껴지는 어휘를 찾아보길 바랍니다.

　서남아시아 국가들은 대부분 사막 지형이어서 식량을 <u>수입</u>에 많이 <u>의존</u>한다. 최근에는 식량을 안정적으로 <u>확보</u>하기 위해 아프리카 국가의 땅을 빌려 농작물을 생산하고 <u>자국</u>으로 들여오고 있다. 이 과정에서 아프리카 지역 농민들이 농사짓던 땅을 빼앗기거나, 식량 <u>수출</u>로 굶주리는 일이 벌어지고 있다.

제가 밑줄 친 '수입, 의존, 확보, 농작물, 자국, 수출' 등의 어휘는 모두 한자어입니다. 이 글이 잘 이해된다면, 다행히 초등학교 고학년 수준의 어휘력을 갖춘 거예요. 중학교에 들어가면 더 긴 글을 만나게 되고, 고등학교에 가면 폭발적으로 다양한 개념에 대해 배우게 되죠.

혹시라도 흥미를 떠나서 학교 수업을 따라가기 힘들다면, 그동안 어휘력이 부족했기 때문이라고 이해하면 됩니다. EBS 프로그램《당신의 문해력》에서도 학교에서 아이들이 수업 내용을 이해하지 못하는 경우 대부분 어휘력이 부족하기 때문이라고 꼬집었답니다. 저도 실제 고등학교에서 영어 수업을 진행하면서 지문을 해석하는데, 생각보다 학생들이 우리 말을 잘 몰라서 해석을 정확히 못하는 경우를 종종 경험했답니다.

모든 과목을 불문하고 어휘력은 공부할 때 기본 중의 기본입니다. 그렇다면 어휘력을 기르기 위해서는 무엇을 해야 할까요? 당연히 직접이든 간접이든 다양한 어휘를 접하고 이해가 되지 않으면 무슨 뜻인지 알기 위해서 찾아보는 노력을 해야 하죠. 저도 글을 읽다가 모르는 단어가 나오면 우선 주변 문장을 통해서 무슨 뜻일까 유추하며 읽고, 그래도 모르겠으면 사전을 찾아본답니다. 안 그러면 그 문장이 이해가 안되고 중심 내용의 문장이라면 글 전체 내용을 파악하지 못하기에 그렇답니다.

공부하는 과정도 이 방법과 매우 유사합니다. 새로운 지식을 수업 시간에 배우면서 개념을 이해하는 게 공부니까요. 저는 수업 시간에 혹시나 학생들이 이해가 되지 않을까 자세한 예시를 들어가며 개념을 이해시키려고 노력합니다. 그 과정에서 배워야 할 지식과 관련된 어휘를 다양하게 만나게 되지요. 그래서 배경 지식이 많이 있으면 새롭게 배우는 지식이라도 더 쉽고 빠르게 익힐 수 있는 거랍니다. 이미 개념에 대한 밑바탕이 그려져 있으니 그림을 그리기 쉬운 것이죠. 덧칠만 하면 되잖아요.

그런 면에서 어휘력은 문해력의 초석이라고 볼 수 있어요. 초석은 가장 기초(최초)가 되는 돌이라는 뜻이에요. 문해력은 글을 읽고 쓸 줄 아는 능력이고요. 다시 말해 글을 읽고 전체 내용을 이해할 수 있는지, 나아가 그 내용을 기반으로 자기 생각을 정리하여 쓸 줄 아는지, 그 능력을 의미합니다. 문해력이 좋은 경우에는 주어진 내용을 읽고 충분히 이해할 수 있고, 나아가 옳은지 그른지까지 분별할 수 있답니다. 비판적으로 판단한 후에 자기 생각을 논리적으로 풀어 낼 수 있죠.

근데 이런 능력이 공부할 때 왜 필요하냐고요? 우리가 잘못 알고 있는 공부 방식은 바로 '암기' 위주로 하는 거예요. 진정한 공부는 '이해'를 기반으로 기억하기 위해 '암기' 단계로 넘어가야 한답니다. 사실 내가 기억하지 못하는 이유는 첫 번째 제대로 이해하지 못했기 때문이고, 두 번째로 이해한 후에 내 것으로 완전히 만들지 못했기 때문이에요.

문해력이 없는 사람은 어휘력, 이해력, 판단력, 비판력 등 다양한 사고의 과정이 힘들 거예요. 공부는 계속 아는지 모르는지 확인하는 작업이기에 사고의 과정 없이는 일어나지 않기 때문이죠. 그동안 혹시라도 수업을 따라가기 힘들었거나 이해가 되지 않았다면, 문해력이 많이 부족했다는 걸 인식하시길 바랍니다.

그러면 문해력은 어떻게 기를 수 있을까요? 여러 방법이 있겠지만, 기본은 '독서'입니다. 지금까지 문해력이 부족하면 공부가 어렵다고 한 말에 모두 공감되었다면, 아마 그동안 독서를 안 했을 가능성이 클 거예요. 이제는 달라져야 합니다. 꼭 학교에서 보는 시험공부를 위해서가 아니라 여러분의 인생의 축을 바꾸기 위해 독서를 시작해야 합니다. 나중에 좋아하는 분야가 생겨서 탐구하며 파고들 때 독서 습관이 없거나 올바른 독서 방법을 갖추지 않으면 분명히 고생할 거예요.

구체적인 독서법과 관련해서는 파트 3에서 다룰 예정이니 우선은 독서 습관부터 기를 수 있도록 흥미로운 주제의 책을 골라서 읽어 보세요. 물론 자기 수준에 맞는 책을 고르는 것도 매우 중요하답니다. 책을 읽다가 어려워서 포기하면 안 되니까요. 글을 읽는 것 자체가 부담이라면 그림이 있는 책을 읽는 것도 추천합니다. 일단 쉽고 재미있어야 계속 책을 읽게 될 테니까요. 아시겠죠? 그럼 꼭 독서 습관 기르기를 실천해 보세요!

체력이 부족하면
공부 체력도 없는 거야

우리가 알고 있는 공부하는 자세는 책상에 엉덩이를 대고 앉아 있는 것입니다. 엉덩이에 종기가 날 때까지 종일 앉아서 열심히 공부하는 모습을 상상해 보셨나요? 상상만 해도 힘들 것 같죠? 그런데 공부가 즐거운 사람들은 자는 시간을 제외하고 정말 이렇게 공부합니다. 어떻게 그렇게 버틸 수 있냐고요? 평소 꾸준하게 체력을 기르기 위해 노력하기 때문입니다.

공부를 잘하는 사람들은 자기 관리에 철저합니다. 주변 사람들과의 관계도 많은 영향을 주지만, 무엇보다 철저하게 자기 자신을 먼저 돌볼 줄 압니다. 그중에서도 특히 건강 관리에 힘쓰죠. 건강이 무너지면 아무것도 할 수 없으니까요. 심하게 몸살감기에 걸리거나 장염으로 탈이 나서 고생해 본 적이 있나요? 아마도 약 먹고 회복하느라 아무것도 못 하고 종일 누워 있어야만 했을 거예요.

이럴 때 공부가 될까요? 공부가 문제가 아니라 생존의 문제로 옮겨 갑니다. 밥이나 제대로 먹을 수 있는 상태일지 아닐지 모르니까요. 인간은 잘 먹고, 잘 자는 등의 기본적인 욕구를 충족해야 그다음 단계로 넘어간답니다. 공부는 새로운 지식을 알아 가는 과정이므로 배움의 욕구에 속하는데, 한참 상위에 있는 욕구라서 이루기가 힘들답니다. 그러니 체력을 길러서 건강 상태를 잘 유지해야 공부가 더 잘 되는 거예요.

그런데 공부가 힘든 사람들은 어떨까요? 공부를 떠나서 어쩌면 루틴이 무너졌을 가능성이 커요. 매일 게임하거나, 영상을 보거나, 웹툰을 보거나, 웹 서핑을 하는 등 몸에 좋지 못한 행동을 밤새며 하는 경우가 있죠. 이렇게 되면 체력을 다 써 버려서 공부할 힘이 없죠. 그래서 체력이 없으면 공부 체력도 없다고 말할 수 있는 거랍니다.

체력이 좋다는 말 들어 봤죠? 운동할 때 주로 쓰는 말이기는 하지만, 다른 행동을 할 때도 이 표현을 쓰죠. 체력은 운동 및 작업 능력을 의미하고, 기초 체력은 전반적인 운동 능력을 발휘하는 데 필요한 체력을 말합니다. 이때 필요한 신체 능력은 근력, 근지구력, 심폐 지구력, 유연성이 있답니다.

근력은 생존에 있어서 필수적인 요소로 근육의 힘을 말합니다. 근지구력은 근육이 오랫동안 일을 할 수 있는 능력이고요, 심폐 지구력은 심장의 순환계 기능과 폐의 호흡계 기능을 오랜 시간 지속하는 힘을 의미하죠. 유연성은 관절을 에워싼 근육과 인대에 의해 움직여지는 관절 움직임의 범위를 말합니다.

이 네 가지 능력이 모두 균형을 이룰 때 기초 체력이 있다고 볼 수 있습니다. 하나라도 부족하면 건강에 적신호를 보내죠. 예를 들어, 근력이 없으면 근육을 이용하여 힘을 쓸 수 없고, 근지구력이 부족하면 같은 동작을 오래 할 수 없습니다. 심폐 지구력이 부족하면 근육을 사용할 때 산소를 공급해 주지 못해 운동의 지속 시간이 줄어듭니다. 끝으로 유연성이 부족하고 경직되어 있으면 심한 통증을 느껴 자세나 동작을 유지할 수 없죠.

공부하는 행위 자체가 심한 운동은 아니지만, 오래 앉아서 버티는 힘이 부족하면 공부를 오래 할 수 없어요. 계속 앉아서 같은 자세를 유지하기가 여간 쉽지 않아요. 앞에서 말한 기초 체력에 필요한 신체 능력이 하나라도 부족하면 공부 체력이 부족하다고 볼 수 있지요. 그래서 꾸준하게 운동을 통해 체력을 기를 수 있도록 노력해야 하는 것입니다.

공부만 시작하면 갑자기 졸려서 잠이 오거나, 몸을 베베 꼬아 가며 가만히 앉아 있기가 힘든 것도 체력이 부족해서일까요? 여러 이유가 있겠지만, 신체적 체력과 정신적 체력이 모두 부족해서 나타나는 현상이라고 볼 수 있습니다. 전자의 경우에는 피로감이 높아서 그럴 가능성이 큽니다. 충분히 숙면을 취하지 못했거나, 식사 후 식곤증이 심하거나 체력이 부족해서 그럴 거예요. 후자의 경우에는 지금 하는 공부가 정말하기 싫어서일 거예요. 어쨌든 결론은 '공부 체력'이 부족해서 그렇다는 것입니다.

간혹 이렇게 체력에 대해서 강조하면 운동을 정말 열심히 하는 친구들이 있습니다. 하지만 언제나 지나친 것은 좋지 않죠. 운동도 너무 지나치게 하면, 피로가 쌓여서 공부할 때 오히려 역효과가 납니다. 적당한 운동과 휴식이 병행되어야만 체력이 점차 늘어납니다. 실제 여러 남학생의 경우 운동을 너무 지나치게 한 나머지 교실에 들어오면 잠들어 버리는 경우가 많았어요. 사실 고백하건대 저도 그런 학생 중 한 명이었답니다.

쉬는 시간에도 운동장에서 공 가지고 놀고, 점심시간에는 밥도 안 먹고 축구를 하거나 농구를 했죠. 청소 시간에도 잠시 친구들과 공놀이를 했고요. 틈만 나면 운동을 했답니다. 땀을 흠뻑 흘리고 와서 스트레스는 없었지만, 아쉽게도 수업 시간에 꾸벅꾸벅 졸거나 자습 시간에 그냥 깊게 잠들어 버렸어요. 눈 떠 보니 집에 갈 시간이 되어 야간 자습 시간 몇 시간을 홀라당 까먹어 버린 적도 있었죠. 공부 체력을 기르기는커녕 만날 땀에 절어서 살았죠.

뭐든지 적당한 게 가장 좋은 것 같습니다. 체력을 기르기 위한 노력도 적당해야 한다고 말하고 싶어요. 물론 운동을 안 하기보다 하는 게 좋기에 무리하지 않을 정도로 시도해 보면 좋겠어요. 그리고 질병에 걸리지 않도록 평소 위생 관리를 철저히 하는 것도 좋은 방법이에요. 공부만 한다고 안 씻고, 안 먹고, 안 자는 것은 오히려 장기적으로 볼 때 좋지 않은 선택이라고 말하고 싶네요.

건강을 지키고 체력을 유지하기 위해서는 세 가지를 기억해야 합니다. 첫째, 꾸준하게 운동하기. 둘째, 건강한 음식 먹기. 셋째, 적절한 수면 취하기입니다. 추가로 요새는 코로나와 같은 유행성 질병이 생길 수 있으니 마스크를 잘 쓰고 다니거나, 식사 전에 손 씻기 등 위생 개념을 갖추는 것도 크게 도움이 된다는 사실을 잊지 않았으면 좋겠습니다. '체력이 곧 국력'이라는 말이 있는 것처럼, 공부를 떠나 무슨 일을 하든지 체력이 좋을수록 더 유리하다는 사실을 잊지 않기를 바랍니다.

잠꾸러기는 공부 미인이 아니라고

잠을 많이 자면 미인이 된다는 말을 들어 본 적이 있을 거예요. 그런데 한 가지 조건이 있답니다. 밤에 충분히 잠을 자야 한다는 말이에요. 우리 몸은 낮에는 깨어 있고, 밤에는 잠을 자도록 설계되어 있기 때문이죠. 그런데 간혹 밤에는 깨어 있고, 낮에는 비몽사몽으로 살아가는 사람들이 있죠. 그게 바로 문제입니다. 피부 미인도 될 수 없고, 공부 미인도 될 수 없어요.

공부가 어려운 이유 중 하나는 낮에 집중력이 없는 상태인 경우가 많다는 거예요. 밤을 새어 가며 공부가 아닌 다른 것에 집중했기에 그렇죠. 그러면 피곤함을 느끼니까 눈을 감을 수밖에요. 수업 시간에 매일 졸거나 자는 친구들을 보면 대부분 밤에 잠을 안 자고 오더라고요. 집에서는 밤에 깨어 있고, 학교에서는 낮에 자는 거죠. 정상적인 삶을 거스르는 루틴이에요.

자연의 섭리를 거슬러서 좋을 건 하나도 없답니다. 균형을 깨는 일이기 때문이에요. 우리 몸도 항상성 유지를 위해 균형을 지키려고 항상 노력하거든요. 이게 무너지면 질병에 노출되어 아프고, 심하면 죽을 수도 있어요. 한 학생은 그동안 부족했던 공부를 따라잡겠다고 매일 2시간도 안 자고 공부했어요. 그런데 한 주 만에 무너졌답니다. 몸이 버티지 못하니까 결국 포기하게 되었죠.

차라리 잠을 충분히 자고, 나머지 시간에 집중해서 매일 루틴을 유지했다면 어땠을까요? 이 방법은 대학에 합격하고, 공무원 시험에 합격하고, 취업에 성공하는 사람들의 모습입니다. 일명 공부를 잘할 수 있는 방법이라고도 볼 수 있죠. 왜냐하면 그들은 충분하게 잠을 자고, 나머지 시간에는 목표를 이루기 위해 계속 실천하니까요.

혹시 미국의 유명한 농구 스타 '코비 브라이언트(이하 코비)'에 대한 이야기를 들어 봤나요? 농구 전설 마이클 조던을 이을 스타로 알려진 그는 20년 동안 NBA LA 레이커스 팀에서 슈팅 가드로 대활약을 했죠. 그렇게 성공할 수 있게 만든 비결은 무엇이었을까요? 잠자는 시간을 제외하고 농구 연습과 휴식이라는 간단한 루틴을 지켰기 때문이에요.

팀의 한 동료도 매일 아침 일찍 농구 코트에 나왔는데, 항상 와 보면 코비는 이미 땀에 흠뻑 젖은 채로 쉬고 있었다고 해요. 그리고 다시 함께 연습했고요. 알고 보니 농구장에 가장 일찍 나와서 가장 늦게 집에 간 사람이 코비라고 해요. 그의 일과는 다음과 같아요.

새벽 연습 후 휴식,

오전 연습 후 휴식,

오후 연습 후 휴식,

저녁 연습 후 휴식,

밤 연습 후 취침.

잠을 자는 시간을 제외한 나머지 시간을 농구에 올인했죠. 그 결과 남들보다 5년 앞선 삶을 살게 됩니다. 노력은 절대 배신하지 않거든요. 하루도 빠짐없이 간단한 루틴을 1년, 2년, 3년 정도 하게 되면 이미 남들이 평범하게 5년간 노력하는 시간을 넘어서게 되거든요. 그러면 실력 차이가 크게 벌어지죠. 나중에 다른 사람이 따라오고 싶어도 이미 앞서서 계속 루틴을 유지하니까 차이는 좁혀지지 않죠.

그런데 우리의 하루 루틴은 어떤가요? 일찍 자고 일찍 일어나서 하루를 보내고 있나요? 아니면 노느라 밤새우고 낮에 졸거나 잠을 자고 있나요? 만일 후자라면 공부를 잘할 기회가 없을 거예요. 남들은 이미 그 시간에 집중해서 몇 배 더 앞서가고 있으니까요. 남과 비교하라는 말은 아니지만, 성적이 안 나오는 이유를 한 번 생각해 보라는 거죠. 내가 그동안 최선을 다해 노력했는가 고민하라는 말이고요.

그게 꼭 시험을 준비하기 위한 공부일 필요는 없어요. 여러분이 진짜 하고 싶은 일이 있을 때 몰입할 힘을 기르라고 말하고 싶은 거예요. 학생으로서 해야만 하고 할 수 있는 일은 공부하는 것인데, 노력을 하지 않아서 잘하지 못하면 나중에 다른 일을 하게 되더라도 같은 태도나 자세를 가지게 될까 걱정이 되어 말하는 거예요. 사실 세상에는 공부보다 더 어려운 일이 많거든요. 아직 그날이 오지 않아서 모를 뿐이죠.

그리고 세상 모든 일이 그냥 되는 게 아니에요. 모든 게 다 공부거든요. 새롭게 마주하는 일이 있으면, 어떻게 해야만 하는지 방법을 찾아야 하거든요. 물론 그 과정에서 필요한 지식과 정보를 습득하고 적용할 수 있어야 일이 해결되고요. 문제가 발생하면 해결책을 찾기 위해 또 공부하고 생각해야 하고요. 그래서 학창 시절에 하는 공부가 시험을 위한 공부이기는 하지만, 결국 세상을 슬기롭게 살아갈 지혜를 구하는 연습을 하는 거랍니다.

혹시라도 공부하는 게 어렵고 힘든 일이라고 생각되면, 다시 자기 삶을 되돌아보세요. 눈 뜨고 깨어 있는 낮 동안 최선을 다해 집중하고 있는지 확인하고요. 수업 시간에 집중해서 수업을 열심히 듣고, 거기에서 나에게 무엇이 도움이 될지 생각하고, 내 삶에 적용할 수 있는 것을 실천하는 그런 집중 말이에요. 단순히 시험을 잘 보기 위한 공부에 집중하라는 게 아니라, 하루를 성공적으로 보내기 위한 공부 태도와 자세를 생각해 보라는 말입니다.

그 태도와 자세가 씨앗이 되어 매일 성취감을 느끼고, 그게 쌓이면 코비가 말한 남들보다 앞선 5년이 여러분에게도 있을 거예요. 꼭 학교 시험공부가 아니더라도 자신이 가고 싶은 분야에서 분명히 성공의 길을 달리고 있을 테니까요. 그러기 위해서는 학창 시절에 정말 최선을 다해 공부에 집중하는 경험을 해봐야 합니다. 또 밤에는 충분히 잠을 자고, 낮에 집중할 수 있는 환경을 만들어야 하고요. 공부가 어려운 것이 아니라는 걸 이런 과정을 통해 꼭 경험해 봤으면 좋겠어요. 분명히 여러분의 삶이 달라졌다는 것을 느낄 거예요.

엄마가 하라고 해서 하는 공부

하루 24시간 쉴 틈 없이 학원 스케줄에 맞춰 하루를 보내는 학생들이 있습니다. 학교에 다녀오면 국어, 영어, 수학, 탐구 그리고 예체능까지 밤 10시가 될 때까지 계속 배우러 다니죠. 일명 학원을 돌린다고 표현 하죠. 이런 친구들이 과연 성적이 잘 나올까요? 아니오, 쳇바퀴를 돌리 고 있는 것과 같습니다. 제자리걸음일 뿐이고요. 과연 이게 옳은 방법일 까 고민이 됩니다.

2022년 방영된 SBS 스페셜 《체인지, 학원 끊기 프로젝트》 방송에서 는 자기 주도 학습 결과 평균 20점 이상 오른 학생 이야기가 나옵니다. 학교 수업이 끝난 후에도 학원을 필수로 여기고 밤까지 이어지는 강행 군을 힘들어하는 한 학생이 등장하죠. 공부는 학생이 직접 해야 하는데, 현실은 부모의 주도로 시작됩니다. 이렇게 되면 스스로 삶을 만들어 가 는 게 아니라 부모가 시키는 대로 사는 삶이 됩니다.

하라고 하니까 하는 사람과 하고 싶어서 공부하는 사람의 마음 차이 는 하늘과 땅 차이입니다. 누가 시키면 억지로 하기 마련입니다. 반면에 하고 싶어서 하는 거라면 말려도 더 하고 싶죠. 우리가 공부를 하기 싫 은 이유, 공부가 어려운 이유도 다 여기에 있습니다. 누가 시켜서 하니까 재미없는 거예요. 내가 재미를 느끼고 목표를 정해서 하는 공부야말로 재미있는 공부죠. 하지만 현실은 녹록지 않습니다.

자기 힘으로 공부해 본 경험이 없다면 자기가 얼마나 공부할 수 있는지조차 모릅니다. 예를 들어 얼마나 집중할 수 있는지, 하루에 얼마만큼의 공부량을 해낼 수 있는지를 잘 모르죠. 게다가 학교에서, 학원에서 수업을 들으면서 이해가 되지 않아도 그냥 넘어가기 일쑤죠. 이렇게 악순환의 고리가 만들어져 끊을 수 없는 상태가 된다는 의미입니다. 참으로 안타깝죠.

누군가 시켜서 하는 일이기에 만일 목표를 이룬다고 할지라도 알아서 하고 싶을 때보다 성취감이 적습니다. 억지로 했으니 당연한 말이죠. 엄마가 시켜서 하는 공부는 계속 이런 결과를 만들어 낼 뿐입니다. 초등학교 때 혹은 중학교 때까지 통할 수 있어도 고등학교에 가서는 이렇게 공부하는 삶이라면 추락합니다. 잔잔한 파도를 헤쳐 나가다가 폭풍우를 동반한 거친 파도를 만나는 상황이 되거든요.

그동안 자기 스스로 어려움을 해결한 학생은 조금 더 큰 어려움이 와도 스스로 해결하는 힘을 가지고 있습니다. 반면에 누가 대신해 주거나 억지로 하라고 해서 한 경우는 의지가 없습니다. 굳이 그 어려운 상황을 벗어날 필요도 없죠. 어차피 그동안 그런 상태였기 때문입니다.

공부도 마찬가지입니다. 평소 공부하면서 시행착오를 겪고 그 속에서 무언가를 느끼는 사람이라면, 더 큰 어려움이 와도 스스로 해결책을 찾고자 노력합니다. 그 힘은 혼자서 공부할 때 나옵니다. 그리고 혼자서 공부하고 혼자서 문제를 해결해 봤기에 공부가 더 이상 어렵지 않습니다. 스스로 어려움을 해결해 본 경험이 있기에 앞으로 나아갈 수 있죠.

고로, 공부에 대한 뚜렷한 목적의식을 갖고 공부해야 한다는 말입니다. 그러면 자연스럽게 공부를 통해 목표를 이루고 성취감을 느끼게 됩니다. 이런 성취감은 공부에 대한 동기를 부여하고, 공부는 어려운 대상이 아니라 즐겁게 해볼 수 있는 대상으로 바뀌게 되죠. 하지만 현실은 이와 반대이기에 항상 공부가 어려운 것입니다.

사실 책상에 앉아서 하는 공부가 전부는 아닙니다. 어린 시절부터 경험하는 모든 것이 공부죠. 그때 어떤 태도와 자세를 취하느냐에 따라 공부 감정이 생길 수도 있고, 안 생길 수도 있습니다. 간단한 활동을 하더라도 스스로 하고 싶어서 하는 경우에는 그 기억이 강하게 기억에 남습니다. 만일 좋은 결과를 만들고 성취감을 느꼈다면 최고의 상황에 이릅니다. 앞으로 그 활동을 계속할 가능성이 커질 테니까요.

이렇게 성취 경험을 계속 쌓다가 책을 읽는 경험, 나아가 공부하는 경험으로 이어지는 것이 자연스러운 순서입니다. 이런 성취 경험 없이 갑자기 책상에 앉아서 공부하라고 하니까 공부하기 싫은 것이죠. 하기 싫으니까 과정도 결과도 좋지 못합니다. 좋은 감정이 아닌 부정적인 감정이 생겨서 공부에 대한 반감으로 이어집니다. 공부를 잘하고 싶다면, 시작은 미약하지만 다른 경험에서도 좋은 태도를 갖춰야 하는 것입니다.

계속 강조하지만, 공부라는 것은 단순히 시험을 잘 보기 위한 공부가 아닙니다. 내가 삶을 살아가면서 위기를 맞았을 때 슬기롭게 해결책을 찾아내는 기질을 발휘하는 능력을 갖추는 것 또한 공부의 일환입니다. 슬기로운 사람이 되기 위해서 무언가를 배우는 거니까요.

현실은 냉혹합니다. 교육부 자료에 따르면 학생들이 사교육을 받는 이유 67.5퍼센트가 불안 심리 때문이라고 합니다. 학원에 안 가면 시험 잘 못 보고 게으름뱅이 같이 느껴지기 때문이라고도 하네요. 여기서도 알 수 있지만, 불안 심리 때문에 당장 나에게 필요하지 않은데도 학원에 가게 되는 것이죠. 하지만 공부 주도권은 나 자신에게 있어야 합니다. 그래야 공부도 내가 해낼 수 있는 대상이라고 인식하게 됩니다.

SBS《체인지, 학원 끊기 프로젝트》다큐에 나왔던 이병훈 소장은 공부 계획에 관해 학년별로 다르다고 안내했습니다. 4학년은 엄마가 같이 계획을 짜 주고, 5학년은 부모와 아이가 함께 짜고, 마지막으로 6학년은 아이 스스로 짜고, 부모는 피드백을 줘야 한다고 하죠. 당연히 스스로 할 수 없는 나이거나 상황이라면 도와주는 게 나을 수 있습니다. 하지만 어느 정도 스스로 할 수 있는 나이라면 혼자서 할 기회를 주어야 합니다.

여러분의 상황은 어떤가요? 부모가 시켜서 하고 있나요, 아니면 본인이 하고 싶어서 학원에 다니고 공부하는 건가요? 이 글을 읽었으니 이제는 진지하게 왜 내가 공부하는지, 정말로 사교육이 필요한지 고민해 보시길 바랍니다. 결국에 공부는 혼자서 해야 하는 시기가 올 수밖에 없어요. 일명 '공부 독립'이라고 하죠.

그날이 오기 전에 자기가 무엇을 얼마만큼 할 수 있는지 확인해 보세요. 그리고 공부 주도권을 되찾으세요. 그래야만 공부할 이유와 명분이 생기고, 자기가 가고 싶은 분야의 진로와 관련된 공부를 해야 하는 시기가 왔을 때 좌절하지 않고 꿋꿋하게 어려움을 헤쳐 나갈 수 있을 거예요. 영어 속담에 이런 말이 있죠.

"There is a will, there is a way."

뜻이 있는 곳에, 길이 있다는 말이죠. 여러분이 공부하는 이유를 찾고 의지를 갖는다면 분명히 좋은 결과로 이어지는 길이 열릴 것이라 믿습니다.

책보다 영상 시청이 더 유리한 환경

　기존에는 미디어가 신문, 잡지 등 종이에 활자가 쓰인 형태를 의미했습니다. 그러나 TV가 개발되며 영상에 대한 노출이 시작되었죠. 지금은 영상 관련 미디어가 우선시되는 사회가 되었습니다. 활자 기술의 발달이 무색하게 3차원 이상의 공간에서 움직이는 영상을 접하게 되었으니까요. 요새는 공중파 방송뿐만 아니라 케이블 방송도 활발하게 시청하죠. 나아가 손안에 들어오는 전자 기기와 통신 기술 발달로 언제 어디서나 영상을 만날 수 있어요.

　이렇게 과학 기술의 발전으로 인간의 삶은 윤택해졌지만, 오히려 우려되는 점이 발생합니다. 바로 책을 읽지 않는 사람이 늘었다는 것이죠. 2021년 문화체육관광부가 발표한 '2021년 국민 독서 실태' 조사에 따르면 성인은 연평균 4.5권 정도의 책을 읽는다고 합니다. 불과 2019년과 비교했을 때 3권 정도 줄어든 셈이죠. 다행히도 초·중·고등학생들은 34.4권으로 성인보다는 독서량이 많지만, 2년 전과 비교했을 때는 6.6권 정도 줄었다고 합니다.

　최근 추세가 이러하니 안타까울 수밖에 없습니다. 독서는 우리가 말하는 공부와 밀접한 관련이 있기 때문입니다. 2022년 방영한 EBS 다큐

《당신의 문해력》에서 대한민국의 심각한 문해력 저하에 대해 이야기했죠. 실제 학교에서 수업할 때 학생들이 어휘를 정확히 이해하지 못해서 수업 진도를 따라갈 수 없다는 교사의 인터뷰 내용이 기억에 남습니다. 사실 교사인 저도 영어 수업하면서 가끔 우리말 단어의 뜻을 잘 몰라서 헤매는 학생들을 보곤 해요.

생각해 보면 사실 이런 일이 발생하는 건 당연할지도 모릅니다. 요즘 태어난 사람들이 책보다 영상을 먼저 접할 가능성이 크기 때문이죠. 게다가 글을 모른다면 눈앞에서 현란하게 움직이는 영상이 더 재미있게 느껴질 것이고요. 사람은 자극적인 것을 원합니다. 아니 정확히 말하자면, 뇌가 그렇습니다. 영상을 볼 때 도파민이라는 쾌락을 느끼는 호르몬이 계속 나옵니다. 하지만 책을 읽으며 도파민이 분비되는 경우는 드물죠. 지적 쾌락을 느끼지 않는 이상 그렇게 할 일은 없을 테니까요.

이런 세상에 태어났으니 누구의 잘못이라고 보기 어렵습니다. 다만, 영상 노출보다는 책을 읽는 소리 노출에 먼저 다가간다면 문해력 저하의 심각성을 줄일 수 있을지도 모릅니다. 글자를 몰라도 인간은 소리를 통해 지식을 습득하기 때문이죠. 실제 뇌에서 글자를 인식하는 과정에도 '소리'가 크게 관여합니다. 눈으로 시각 정보를 받아들이는 동시에 청각 정보로 변환하기 때문이죠. 그리고 그 소리를 통해 의미를 파악한답니다.

예를 들어, 지금 제가 쓰고 있는 글을 읽는 분들도 느낄 거예요. 나는 눈만 움직인다고 생각하지만, 사실은 속으로 소리 내어 읽고 있거든요. 느껴지시나요, 거짓말이 아니죠? 그렇기 때문에 글을 모르는 시기에는 누군가 책을 읽어 주면 그게 독서가 됩니다. 보통은 부모가 어린 시절에 책을 많이 읽어 주면 좋은 영향을 받아 나중에 공부하는 걸 즐기는 사람이 되죠. 그러면 공부가 어려울 일은 없을 것이라 생각합니다.

하지만 현실은 어떤가요? 부모가 어린 시절에 책을 많이 읽어 주었나요, 아니면 영상을 더 많이 보여 주었나요? 어린 시절에 책을 많이 읽지 못했다면 혹시 나중에라도 책에 풍덩 빠져 꾸준하게 독서를 한 적이 있나요? 공부가 어렵다고 느끼는 사람이라면, 그런 경험이 부족할 것이라 봅니다. 독서는 공부와 밀접한 관련이 있다고 말한 이유에서입니다.

공부라는 건 새로운 지식을 받아들이는 행위입니다. 쉽게 말해, 무언가를 배우는 행위죠. 그런데 보통 우리는 글로 적힌 내용을 읽으며 지식을 습득합니다. 언어와 문자가 없던 원시 시대에는 지식을 전달하기가 어려웠지만, 문자의 탄생으로 인해 인류는 지식을 빠르고 정확하게 전달할 수 있었죠. 덕분에 이렇게 혁신적으로 문명이 발달할 수 있었던 것이고요.

우리의 뇌는 새로운 지식을 받아들일 때 기존에 있던 지식을 적극적으로 활용합니다. 일명 배경지식이라는 걸 활용합니다. 배경지식이 많으면 금방 이해가 된다고 보통 말하잖아요. 그 이유는 뇌는 내가 가진 지식의 틀에 맞춰서 새로운 지식을 연결하려고 하기 때문이죠. 그래서 배경지식이 있으면 더 빠르고 정확하게 이해할 수 있죠.

그러면 반박하고 싶어질 거예요. 영상으로 배경지식을 많이 쌓아도 공부할 때 도움이 되지 않을까 하고 말이죠. 물론 영상을 통해서 쌓은 지식도 도움이 됩니다. 다만, 우리가 보통 말하는 공부는 어떤 자료를 이용하는지 생각해 보세요. 당연히 교과서나 교재로 공부를 하기 때문에 영상으로만 지식을 쌓는다면 한계에 부딪히게 됩니다.

게다가 영상은 이미 지식과 정보를 형상화해서 보여 주기 때문에 우리 뇌가 매우 편하게 정보를 받아들일 수 있죠. 따로 생각하지 않아도 된다는 말이에요. 하지만 책을 읽을 때는 글자를 읽고 의미를 생각하거나 스스로 시각화해서 정보를 만들게 됩니다. 《해리포터》를 책으로 먼저 읽었을 때와 영화를 먼저 봤을 때를 비교해 보세요. 책으로 읽을 때는 무한한 상상의 나래를 펼칩니다. 반면에 영화로 볼 때는 이미 정해진 장면이 머릿속에 들어가서 더 이상 상상할 필요가 없죠.

공부도 마찬가지입니다. 영상을 보는 게 단기적으로는 시간 단축 등에 도움이 될 수 있지만, 장기적으로는 글자를 직접 읽고, 생각하고, 스스로 형상화하면서 자신의 것으로 만들어야 하죠. 이런 훈련이 있어야만 공부가 어렵지 않습니다. 더 간단히, 책상에 엉덩이를 붙이고 앉아 있는 훈련도 필요하죠. 공부는 보통 그렇게 하니까요.

혹시라도 그동안 내가 공부가 어렵고 힘든 일이라고 생각했다면 명심하세요. 내가 책을 많이 안 읽었기 때문이라는 점을 말이에요. 책보다 영상을 더 좋아하는 자신을 되돌아보며 마음을 조금은 고쳐 보시길 바랍니다. 그리고 내 의지를 이기는 한 가지 방법은 환경을 바꾸는 거예요. 주변에 영상 시청할 도구를 두지 않고, 책과 친해질 수 있는 환경으로 만들어 보세요. 분명한 변화가 있을 겁니다.

3

공부 방법이
틀린 거라고!

정답을 찾는 공부는 안 돼

여러분은 공부할 때 혹시 시험에서 점수를 잘 받기 위해 정답을 찾는 공부를 하나요? 아니면 모르는 것을 이해하기 위해서 공부하나요? 대부분은 전자에 해당한다고 생각해요. 우리가 말하는 공부는 주로 '시험 공부'니까요. 그런데 시험을 위한 공부도 공부의 일종이기 때문에 올바른 방법을 채택하지 않으면 효율적이지 않답니다. 이제부터는 자꾸만 정답을 찾으려 하지 말고, 스스로 질문을 통해 의문을 풀어 가는 '해답'을 찾는 공부를 해보길 바랍니다.

그렇게 공부하려면 우선 바꿔야 할 습관이 하나 있어요. 바로 '암기' 하는 공부에서 '이해'하는 공부로 방법을 180도 바꿔야 합니다. 당연히 암기도 중요합니다. 하지만 이해 없이 암기만 한다면 우리 머릿속에 남지 않거든요. 암기는 단기적으로 유용한 방법이고, 이해는 장기로 오래 남겨 두는 효과가 높은 방법이에요. 그래서 단기 기억과 장기 기억이라고 표현하기도 하죠.

시험 기간이 되기 전에 암기식으로 공부하면 막상 시험 때 기억이 안 납니다. 우리가 배우는 공부는 계단식으로 점점 다음 단계로 넘어가야 합니다. 그러려면 기존 지식을 계속 오래 간직하고 있어야죠. 시험 때

바짝 외웠다가 휘발되어 사라지는 그런 지식이 되지 않도록 해야 한다는 말이에요. '정확하게 외워서 정확하게 맞힌다는 마음이 아니라 정확하게 이해해서 모르는 게 없도록 해야지!' 라는 마음 자세로 공부해야 합니다.

실제 공부를 잘하는 사람을 살펴보면, 첫 번째로 공부에 관한 개념이 달랐어요. 대부분의 학생이 시험 기간이 되어서야 공부를 시작하는 반면에, 공부를 잘하는 학생들은 평소에도 열심히 공부합니다. 자기가 모르는 걸 찾아서 이해하기 위한 공부 말이에요. 그렇게 시간을 보내고 시험 기간이 다가오면 모르는 걸 최소화하고, 이제는 암기 모드로 돌입하죠. 이게 바로 시험을 잘 보고, 공부를 잘할 수 있는 비결이죠.

그래서 해답을 찾는 공부라고 말하는 거예요. 스스로 질문하고 대답하며 모르는 것을 줄여 가는 과정이니까요. 다시 한번 생각해 보세요. 그동안 나는 암기식 공부, 정답을 찾는 공부만 추구한 건 아닌가 말이죠. 그래서 공부가 어렵게 느껴지고, 성적이 나오지 않으니까 공부가 싫어진 거예요. 이제는 조금 방법을 바꿔서 실천해 보자고요.

구체적인 방법은 다음과 같습니다. 학교 혹은 학원 수업 시간에 공부할 때, 그 이후 혼자서 배운 내용을 복습할 때 똑같이 적용할 수 있는 방법이에요. 내가 지금 새롭게 배우는 내용이 이해되는지 생각해 보세요. 이해 여부를 확인하는 방법은 간단해요. 방금 배운 내용을 옆에 있는 누군가에게 설명해 보는 거예요. 그러면 내가 제대로 알고 있는지 아닌지 금방 확인 가능합니다.

만일 설명하는 과정에서 기억이 나지 않아 말문이 막히거나 정확하게 설명할 수 없는 상황이 오면 다시 교재든 강의든 되돌아가서 설명을 확인하는 거예요. 이런 과정을 반복하면서 자연스럽게 내가 모르는 것을 줄여 나갈 수 있거든요. 이것이 바로 이해하는 공부 방법이랍니다.

학교 수업 듣고, 학원 수업을 듣는 방법은 그냥 듣기만 하기 때문에 남는 게 없어요. 게다가 이해 없이 단순하게 통째로 외우려고 하니까 뇌가 거부하죠. 그래서 재미없고 하기 싫어지는 거예요. 미국 행동과학 연구소에서 발표한 학습 효율성 피라미드에 따르면 이렇게 단순히 듣기만 하는 건 5퍼센트짜리 공부라고 해요. 나중에 5퍼센트짜리 기억만 남을 뿐이죠. 반면에 누군가한테 설명하는 방식은 90퍼센트 이상 기억을 남겨요. 그러니 이런 과정이 꼭 필요하답니다.

누군가 만들어 놓은 시험 문제를 맞히기 위한 공부는 수동적인 공부입니다. 반면에 내가 지적 호기심을 가지고 모르는 걸 해결하는 공부는 능동적인 공부가 되죠. 그동안 혹시라도 시험 문제를 맞히려고 공부해 왔다면, 이제는 지금 이 순간 내가 모르는 걸 없도록 만들겠다고 다짐하며 공부해 보세요. 분명히 공부 방법에 큰 변화가 일어날 거예요.

사실 세상에 정해진 답은 없답니다. 내가 어떻게 그 답을 찾느냐에 따라 답은 달라질 수 있기 때문이죠. 실제 시험 문제도 출제자의 의도에 맞는 답을 찾는 것이지, 그것이 무조건 정답이라는 건 있을 수 없거든요. 대신, 출제하는 사람은 의도를 가지고 문제를 만드니까 여러분이 가장 가까운 답을 찾도록 유도하겠죠. 그동안 가르쳤던 내용을 바탕으로 가장 그 지식에 가까운 해답을 찾도록 말이에요.

만일 배운 지식을 응용하여 문제를 만든다면, 수업 시간에 배운 글자 그대로 시험에 나오지 않습니다. 그 내용을 바탕으로 유추하여 답을 찾을 수 있게 하죠. 암기하는 공부는 일대일 대응만 찾으려 하지만, 이해하는 공부는 숨어 있는 뜻을 파악하며 공부하기에 시험 문제를 풀 때도 함정에 빠지지 않고 본질을 찾아낼 수 있죠.

실제 교사로서 변별을 위해 시험 문제 중에 최소 몇 문제는 킬러 문항으로 만듭니다. 함정을 파놓고 여러분이 걸려들기를 바라죠. 그래야 모두가 100점이 나오지 않아서 등급을 매길 수 있거든요. 자꾸만 수험생으로서 문제를 맞히는 사람이 되려고 하지 말고, 출제자의 관점에서 문제를 바라볼 수 있는 눈을 키워 보세요. 이와 관련된 내용은 다음 꼭지에서 자세히 설명하도록 할게요!

왜 열심히 해도 안 되는 걸까

학생이라면 누구나 공부 잘하고 싶은 마음이 있을 거예요. 다만 내가 마음먹은 대로 공부가 잘되지 않아 문제죠. 심지어 공부를 하루 종일 해본 경험도 있을 거예요. 그런데 남는 것도 없고, 뭐가 뭔지 모르겠고, 답답한 심정을 느꼈다면 '왜 열심히 해도 안 되는지' 그 이유를 다시 고민해 볼 필요가 있답니다. 생각보다 답은 간단해요. 공부할 이유가 없기 때문에 그렇답니다.

목적 없이 떠도는 나그네처럼 공부하니까 그런 거예요. 혹은 배가 목적지를 향해 나아가야 하는데 생각 없이 그냥 노만 젓는 걸지도 몰라요. 그러면 육지도 도착하지 못하고 바다에서 풍랑을 만나 난파하게 되죠. 실제로 이게 우리의 현실이에요. 목표가 없으니까 어디로 가야 할지 모르는 상태라는 말이죠.

8시간을 생각 없이 집중하지 않고 공부하는 사람과, 1시간을 바짝 집중력을 끌어올려서 공부하는 사람 중에 누가 더 공부를 잘할 수 있을까요? 양적으로는 전자에 해당하는 8시간이겠지만, 질적으로는 후자인 1시간이 더 좋기에 결과는 후자의 승리입니다. 여러분은 어떻게 공부하고 있는지 생각해 보세요. 혹시라도 전자에 해당한다면 이제는 집중력부터 올려야 할 때예요.

집중력을 기르는 방법의 기초는 목표를 명확히 세우는 거예요. 내가 지금 무엇을 할지 결정하고 경주마처럼 앞만 보고 달려야 하는 거죠. 강한 집중력을 넘어서 몰입 상태에 들어가야 한다는 의미예요. 나만의 가상 공간에서 깊게 고민하면서 새로운 지식에 대해 생각하는 시간을 가져야 한다는 말입니다. 혹시 그동안 멍하니 공부하는 스타일이었다면, 당장 5분간 깊게 집중하기가 어려울 거예요.

그래도 시작이 반이라고, 일단 1분이라도 좋으니 집중해서 글을 읽고 머릿속으로 생각하는 공부 방법을 실천해 보세요. 이 공부법의 핵심은 큰 덩어리를 잘게 나누어 작은 것부터 시작하는 것이랍니다. 그래야 부담 없이 하나에 집중할 수 있는 환경에 놓이니까요. 너무 큰 과제는 부담을 느껴 실천하지 못하는 어려움에 빠지거든요.

우리가 착각하는 것 중 하나는 학원에 열심히 다니면 공부를 잘하게 되고 성적이 오른다는 점이에요. 그런데 어떤가요? 이게 사실이라면 학원 다니는 친구들 모두 좋은 성적을 받아야 하는 게 아닐까요? 하지만 현실에서 성적은 개인마다 차이가 납니다. 그 차이는 학원이 아니라 다름 아닌 나 자신에게 그 원인이 있답니다. 내가 얼마나 집중해서 혼자 공부했는지가 중요하거든요.

혼자서 공부하는 시간이 확보되지 않으면 그건 공부하는 시간으로 치면 안 됩니다. 수업이나 강의를 들은 것이지 공부한 게 아니니까요. 그동안 수업만 듣고 바로 책을 덮었다면, 이제는 태도를 바꿔야 합니다. 수업을 들은 것은 밑바탕만 칠한 것이지 본격적으로 그림을 그리고 덧칠해서 완성하려면 내가 직접 해야 하죠. 진정한 공부의 시작은 수업 후 혼자서 시작하는 그 순간부터라는 걸 잊지 말아야 해요.

이런 방식으로 공부를 해보세요. 그러면 분명히 변화가 느껴질 거예요. 그동안은 흑백만 보이는 안경을 끼고 있었다면, 점차 주변 환경이 컬러로 선명하게 바뀌는 걸 느낄 거예요. 공부한 내용이 이해되고 머릿속에 남으니까 말이죠. 이제는 열심히 공부한 만큼 나에게 남는 공부를 하는 것이기에 그렇답니다.

《1만 시간의 법칙》이라는 책이 처음 나왔을 때 혁신이었습니다. 하루 10시간씩 10년간 같은 일을 반복하면 전문가가 될 수 있다는 메시지를 담은 책이었죠. 하지만 이를 반박하고 나온 책이 《1만 시간의 재발견》이라는 책인데요, 왜 노력이 우리를 배신하는지 그 이유를 밝히고 있어요. 단순히 1만 시간을 채운다고 무조건 고수가 되는 건 아니라는 메시지를 전하면서 말이죠.

어느 정도의 임계량(변화를 줄 수 있는 최소한의 양)을 넘기는 것도 필요하지만, 결국 질적으로 우수하지 않으면 큰 변화는 없을 거라는 말이었어요. 효과가 없는데 같은 방법만 계속 고수한다면 그 분야의 고수가 될 수 없다는 의미죠. 천재 과학자 아인슈타인도 이렇게 말했어요.

"같은 방법을 반복하면서 다른 결과를 기대하는 것은 미친 짓이다!"

자기가 부족함을 느끼면 다른 방법을 찾고 문제를 해결할 수 있어야 한다는 의미 같아요.

이런 점을 공부로 가져와서 비교해 볼까요? 매일 책상에 앉아서 책을 붙잡고 있는데 성적이 오르지 않는다면 공부 방법에 혹시 이상이 있는 건 아닌지 체크해 보라는 말이에요. 매일 같은 방법으로 공부하니까 결과가 달라지지 않은 거잖아요. 다른 사람의 올바르고 효율적인 공부 방법을 따라해 보면서 자기에게 맞는 방법을 찾아 보세요.

사실 방법에는 정답이 없어요. 자기에게 가장 잘 맞는 방법이 정답이라고 할 수 있죠. 그 방법을 찾을 때까지 우등생들도 무한한 시행착오를 겪으며 점점 단단해진 거예요. 항상 말하지만, 시험을 잘 보기 위한 공부에 고수가 되라는 의미는 아니에요. 여러분이 선택하고 싶은 진로와 관련된 공부를 하더라도 이런 기본적인 태도나 방법이 적용되기에 미리 연습하라는 거랍니다.

'Practice makes perfect.'

연습은 결국 우리에게 완성도 높은 결과를 가져다준다는 사실을 잊지 않았으면 좋겠어요. 단, 그 연습 방법이나 과정이 허투루 시간을 보내는 엉성한 과정이 아니길 바랄 뿐이에요. 꼼꼼하게 체크하고, 실천해서 그물망 아래로 경험과 지식이 빠져나가지 않도록 신중하게 행동해 보시길 바랍니다.

시간 관리가 안 되면 공부도 끝이야

학교에 와서 종일 잠만 자다가 점심시간 종이 울리면 식당에 일등으로 달려가는 학생들이 있습니다. 학교에 공부하러 왔는지 아니면 밥 먹으러 왔는지 정확한 이유를 모를 정도죠. 실제 몇몇 친구들은 수업 시간에 꾸벅꾸벅 졸거나 엎드려 잡니다. 그런데 쉬는 시간만 되면 벌떡 일어나 바로 매점으로 달려가 간식을 사 먹곤 하지요. 어떤 때는 번개보다 더 빠릅니다.

밤에는 밤새 게임하느라 잠을 안 자고, 낮에는 밤에 못 잔 에너지를 충전하고, 불규칙한 삶의 연속이죠. 어쩌다 이 지경이 된 걸까요? 하루 종일 무기력한 모습만 보이는 것 같은데 사실 밤에는 에너지 넘치죠. 낮과 밤이 바뀐 흡혈귀일까요? 하지만 이런 삶을 우리가 평생 지속할 수는 없답니다.

인간은 자연의 섭리에 따라 일어나 활동하고 다시 잠을 자면서 생활해야 건강할 수 있거든요. 규칙적인 생활을 할 수 있어야 건강한 삶을 살 수 있고, 우리가 원하는 공부를 잘할 수 있는 환경에 놓인답니다. 그래서 좋은 습관을 만드는 것이 우리 삶에 큰 영향을 준다고 말하는 거예요. 그런 말 들어 봤죠?

"작은 습관이 우리의 인생을 확 바꾼다!"

작은 습관은 산에서 흐르는 시냇물과 같아요. 시냇물이 모여 개울을 이루고 개울이 흐르고 흘러 강을 만들죠. 결국에 넓은 바다로 모두 흘러가 시냇물이 바다가 될 수 있죠. 우리 삶도 마찬가지예요. 비록 작은 습관이라도 하나씩 쌓이고 모이면 나중에는 그게 우리 삶의 막대한 부분을 차지하게 되거든요. 작은 습관이 곧 우리 인생이 될 수 있죠.

습관은 어떻게 만들어야 할까요? 습관 만들기의 시작은 루틴을 만드는 거예요. 루틴은 같은 행동을 매일 반복하는 걸 말합니다. 작은 행동 하나라도 루틴이라고 볼 수 있고요. 조각이 모여서 통째로 된 케이크를 만드는 것처럼 일단 작은 행동부터 시작해 보는 거예요. 자기 계발서를 읽다 보면 가장 많이 발견하는 대목이 있어요. 성공한 사람들은 아침에 일어나 잠자리를 항상 정리 정돈한다고 해요. 그 작은 일을 성공적으로 마무리했기 때문에 남은 하루 일정도 하나씩 성취해 낼 수 있다고 해요. 우리도 루틴 만들기부터 시작해 철저한 시간 관리까지 해낼 수 있도록 노력해야 해요.

아침 7시에 일어나기, 일어나면 물 한 잔 마시기, 아침 식사는 꼭 챙겨 먹기, 수업 시간에 졸지 않기, 점심 식사 후에 10분 이상 산책하기, 매일 일기 쓰기, 잠들기 전에 책 읽기, 12시 안에 꼭 잠들기 등 작은 행동은 끝이 없답니다. 자기가 정하기 나름이죠. 실제 아침에 일어나서 내가 어떤 행동을 하는지 한번 잘 살펴보세요. 그러면 하루라는 시간 동안 내가 어떤 삶을 사는지 알 수 있을 거예요.

생각해 봤나요? 자기에게 100점 만점 중 몇 점을 주고 싶나요? 터무니없는 점수가 나왔다면 반성하고 지금부터 어떻게 하면 시간 관리를 잘할 수 있는지 같이 고민해 보세요. 공부에도 도움이 되지만 궁극적으로는 우리 인생을 바꿀 기회가 될 수도 있으니까 집중해 보세요.

우등생들의 시간 관리법 7가지 특징을 보니까 다음과 같았어요.

1. 일정 및 스케줄 모두 체크 (월간/주간/일일)

2. 하루 가용 시간 확인 및 To Do List 만들기

3. 할 일 우선순위 정하기

4. 할 일에 대한 리허설을 하며 시간 예측하기

5. 계획은 가용 시간의 80퍼센트만 세우기

6. 잠들기 전에 하루 계획에 대해 평가하기

7. 자투리 시간 활용하기

시간 관리의 첫 번째 단계는 내가 해야 할 일을 확인하는 거예요. 그래야 마감 시간에 맞춰서 일을 처리할 수 있으니까요. 학생이라면 수업 듣고, 과제 하는 것이 여기에 해당하죠. 학교 일정, 학급 일정, 집에서 해야 할 일 등 모든 것을 스케줄러(달력)에 적는 거예요. 그래야 놓치지 않고 확인할 수 있으니까요.

두 번째는 하루 중 자기가 사용할 수 있는 가용 시간이 얼마나 되는지 확인하는 거예요. 동시에 남은 시간 동안 내가 할 일을 적는 거죠. 순수하게 혼자서 무언가를 하는 시간을 의미해요. 학교 수업, 학원 수업 등 누군가에 의해 수동적으로 하는 시간 말고요. 능동적으로 자기가 무언가 할 시간을 말하는 거예요.

세 번째로, 자기가 할 일을 적었으니 어떤 것부터 할 것인지 순서를 정하는 거예요. 이것이 시간 관리의 첫 번째 비결이기도 해요. 마감 시간을 맞출 수 있다는 것이 곧 시간 관리를 잘한다는 걸 의미하니까요.

네 번째로 시간 관리의 다른 꿀팁이 있다면, 미리 할 일에 대해서 리허설하며 얼마나 시간이 걸릴지 확인하는 거예요. 예를 들어, 영어 한 지문을 공부하는 데 걸리는 시간이 얼마일지 체크하는 거죠. 그래야 나중에 계획 세울 때 할 일 뒤에 얼마나 시간이 걸리는지 적을 수 있어서 무리한 계획 혹은 터무니없이 하찮은 계획이 되지 않는답니다.

다섯 번째는 계획 세울 때 일부러 여유 시간을 두는 거예요. 하루 5시간 내가 쓸 수 있는 시간이 있다면 그중 20퍼센트에 해당하는 한 시간은 그냥 비워 두세요. 만일 계획을 실천하다가 시간이 더 걸리면 미리 준비해 둔 그 한 시간에 마무리하면 되거든요. 아주 전략적인 시간 관리법 중 하나랍니다.

여섯 번째는 매일 계획한 것을 실천한 후에 스스로 평가해 보는 거예요. 그래야 무엇을 잘했는지 못했는지 알 수 있죠. 오늘 잘했다면 스스로 칭찬하고, 못했다면 반성하는 시간을 가지며 더 나은 내일을 기다리는 행동이에요. 이게 습관이 되면 정말 우리는 단순히 시간 관리자가 아니라 시간 지배자가 될지도 몰라요.

끝으로, 5분 혹은 10분 정도의 적은 시간도 허투루 보내지 않는 거예요. 하루 중에 이렇게 적지만 얼렁뚱땅 보내는 시간이 꽤 많이 있을 거예요. 그때 별거 아닌 행동을 계획으로 세워서 실천하면 5분 혹은 10분이 모여서 1시간, 2시간이 될 수 있거든요. 하루 1시간씩 1년을 모으면 365시간이 됩니다. 무시 못 할 시간이 되죠? 그러니 자투리 시간도 돌볼 수 있으면 좋답니다.

사람의 의지보다 더 강한 것이 환경이라고 했어요. 우리의 습관은 의지보다 무의식적인 행동이 많아, 스스로 만든 환경에 반응하는 행동이라고 볼 수 있죠. 그러니 작은 루틴, 습관을 하나씩 세우고 실천하며 하루를 알차게 보내길 바랍니다. 분명히 공부에도 우리의 삶에도 큰 변화가 일어날 거예요!

내가 정확히 무엇을
모르는지 알 수가 없네

혹시 미로 게임을 해본 적이 있나요? 출발점에서 탈출구까지 꼬불꼬 불한 길을 잘 찾아서 나가는 미로 게임 말이에요. 출발 후에 막다른 길 에 부닥치기도 하고, 끊김 없이 뚫린 길을 찾아 계속 나갈 수도 있죠. 종 이 미로 게임은 2차원이라서 그나마 할 만한데, 실제 3차원 숲속에서 진행하는 미로 게임은 상당히 난도가 높습니다.

지도를 한눈에 볼 수 없을 뿐더러 계속 생각 없이 앞으로 돌진하면 같은 곳을 계속 맴돌 수도 있죠. 전략 없이 그냥 앞으로만 막 간다고 되 는 게 아니라는 뜻이죠. 만일 지도가 있다면 지도도 살펴야 하고, 어떤 모양으로 길이 만들어졌는지도 살펴야 해요. 게다가 내가 어디쯤 와 있 는지도 확인해야죠. 그렇지 않고 생각 없이 움직이면, 하루 종일 노력해 도 탈출구에 도달할 수 없을지도 몰라요.

이 미로 게임을 그대로 우리가 공부하는 상황에 적용해 볼게요. 우리 는 매일 새로운 지식을 배웁니다. 그 지식을 이해하려고 노력하고, 결국 엔 암기하여 머릿속에 집어넣죠. 이 과정은 평생 무한 반복됩니다. 그런 데 아무 생각 없이 부모님이, 선생님이 시키니까 그냥 공부합니다. 내가 무엇을 배우는지, 그 내용을 이해했는지, 아니면 잘 모르는 부분이 어딘지 고민하지 않고 주구장창 공부만 하는거죠.

그나마 공부라도 꾸준히 하면 다행이지만, 앞으로 돌진만 하다가는 공부의 방향성을 놓칠 수 있죠. 마치 미로에서 길을 잃은 것처럼 말이죠. 내가 어디까지 왔는지, 현재 내 위치가 어딘지 확인하는 과정을 그대로 공부할 때 해야 한다는 말이에요. 내가 배운 지식을 얼마나 이해하고 있는지 혹은 어느 부분을 내가 정확히 모르는지 확인하라는 의미죠. 공부를 열심히 해도 결과가 안 나오는 이유 중 하나는 내가 무엇을 모르는지 확인하지 않을 때 발생하거든요.

밑 빠진 독에 계속 물을 붓는 것과도 같아요. 부은 만큼 물이 채워져야 하는데 독이 깨진 것을 모르고 공부하고 있는 상황이 되니까요. 엄청난 물을 채우면 구멍이 나도 어느 정도 물 수위를 유지할 수 있겠지만, 대부분의 경우 다 새어 나가겠죠. 그래서 이제부터는 공부 방법을 바꾸도록 노력해야 해요. 그저 경주마처럼 앞만 보고 달릴 게 아니라 생각하면서 행동하라는 말이죠.

우리가 아는지 모르는지 그것을 체크하라는 의미예요. 전문 용어로는 '메타 인지'라고 부르는데요, 우리가 인지하는 것(아는 것)을 확인할 수 있어야 한다는 말이에요. 메타는 'over(위에)'라는 뜻이고, 인지는 'cognition(인지, 아는 것)'이니까 아는 것 위에서 살핀다는 의미가 되죠.

메타 인지를 잘 활용하는 방법은 다름 아니라 항상 계산해 보는 거예요. 계획하고 실천하고 피드백 시간을 갖는 사이클로 움직이는 거죠. 물론 실천하기 전에는 철저하게 계획할 필요가 있어요. 그래야 실천 가능성이 커지니까요. 《손자병법》에도 "전투에서 승리하는 장수는 막사 안에 들어가 계산을 많이 한다"고 나오거든요. 무언가를 실천하기 위해서는 고민하는 시간에 많이 투자해야 한다는 말이죠. 성급히 움직여도 패하고, 계산하지 않으면 완성도를 높일 수 없으니 철저하게 준비하는 자만이 승리할 수 있죠.

시간 관리도 어찌 보면 메타 인지를 활용한 습관 기르기입니다. 공부 내용에 적용해서 보면, 배운 내용을 보면서 어디까지 이해했는지 확인하는 것이죠. 혹은 거꾸로 잘 이해가 안 가고 모르는 부분을 찾아내서 다시 그 부분을 채우기 위해 노력하는 과정이 메타 인지를 적극적으로 활용하여 공부하는 거예요.

예를 들어, 수학 공부를 하면서 한 문제를 풀 때 어떤 개념과 공식을 이용해서 문제를 풀어야 할지 고민하는 과정에서 살펴볼 수 있어요. 만일 방정식을 푸는데 어떤 수학적 개념이 없어서 문제가 잘 안 풀린다면, 그게 무엇인지 찾아야 해요. 우선 혼자서 고민해 봐야죠. 문제가 어떤 개념에 대해 묻는 것인지 확인하고, 어떤 공식을 적용했을 때 문제가 해결되는지 확인하라는 말이에요.

'이차방정식'을 풀기 위해서는 기본적으로 '인수분해'라는 개념을 이해해야 해요. 그런데 이차방정식 문제가 안 풀리는 이유를 생각하지 않으면 계속 '인수분해'라는 개념을 배울 생각을 하지 않게 되죠. 그러면 아무리 노력해도 평생 이차방정식 문제를 풀 수 없게 되는 거예요. 이렇게 방법을 찾아가는 과정에서 메타 인지를 활용하게 된답니다.

단순히 문제를 푸는 것을 넘어 시험 기간 전에 철저하게 계획을 세우기 위해 내 강점과 약점을 파악하는 행위도 메타 인지를 활용한 것이랍니다. 시험지를 받고 문제를 어떤 순서로 풀 것인지 정하는 과정도 마찬가지고요. 왜냐하면 내가 풀 수 있는 문제인지 아닌지 난도를 먼저 1~2분 정도 계산한 후에 움직이기에 효율적이고 전략적으로 문제를 해결할 수 있죠.

그냥 앞에서부터 순서대로 풀다가 뜻밖에 어려운 문제를 만나 계속 시간을 잡아먹게 되면 그 시험은 망치게 되거든요. 차라리 어려운 문제는 나중으로 미루고 쉬운 문제부터 다 해결하는 게 훨씬 좋은 결과를 얻을 수 있죠. 이렇게 영리하게 계산하고, 무엇이 더 좋을지 판단하는 과정도 메타 인지 활용입니다.

시험을 다 보고, 채점 후에 왜 그 문제가 틀렸는지 오답 노트를 만들면서 분석하는 과정 또한 메타 인지를 활용하는 거예요. 왜 틀렸는지 이유를 찾는 과정에서 내가 무엇을 몰라서 틀렸는지 확인하게 되니까요. 공부는 내가 모르는 것을 채우는 과정이라고 했으니 메타 인지를 활용한 공부법은 필수가 되죠.

그동안 혹시라도 아무런 생각 없이 공부 시간만 채우려 했다면 이제는 공부에 대한 태도를 바꿀 필요가 있어요. 남이 제시하는 내용에 집중하는 게 아니라, 그 내용을 내가 얼마나 아는지 혹은 모르는지 확인하는 과정에 집중하는 태도가 필요해요. 이렇게 공부 방법을 바꾼다면 그 동안 어렵고 힘들었던 공부도 조금씩 희망이 생길 거예요. 가끔은 스위치 하나만 바꿔도 쉽게 문제가 해결되는 것처럼 말이죠. '메타 인지'가 여러분의 공부법에 전환점이 되는 스위치가 되기를 빌게요.

끝까지 최선을 다해 본
경험이 없잖아

　혹시 지금까지 살아오면서 무언가를 마칠 때까지 최선을 다해 본 경험이 있나요? 그렇다면 너무 다행입니다. 그 성취 경험이 있기에 다른 일을 하더라도 내가 해낼 수 있다는 믿음이 생기거든요. 아무리 재미없는 공부라고 할지라도 공부할 이유가 생기면 해낼 수 있거든요. 그런데 문제는 반대 상황입니다. 지금까지 한 번도 무언가에 몰입해서 끝까지 최선을 다했던 경험이 없다면 당연히 공부가 어려울 수밖에 없죠.

　왜냐하면 공부는 끝이 없기 때문이에요. 그런데 우리는 자주 이렇게 말하죠.

　"이번 시험공부 다 끝냈어."

　하지만 시험이 끝나도 끝난 게 아니랍니다. 이번에 공부했던 내용이 다음 시험에 다시 등장할 수 있으니까요. 게다가 단계별로 학습 내용을 확장해야 하는 과목의 경우에는 이번에 제대로 해내지 못하면 다음 단계에서 어려움을 겪게 되죠. 그래서 공부를 처음부터 최선을 다하지 않으면, 공부 실패의 '악순환' 고리를 끊어 내지 못하게 된답니다.

　혹시 퍼즐을 맞춰 본 경험이 있나요? 어릴 때는 몇 조각 안 되는 퍼즐을 맞추는 것조차도 어렵습니다. 하지만 점점 시간이 흘러 능숙해지면

1,000개 퍼즐을 맞출 수 있는 단계까지 오르게 되죠. 고작 5개짜리 퍼즐에서 1,000개짜리 퍼즐로 넘어가는 건 어마어마한 단계를 오르는 것과 같죠. 하지만 이 사람이 퍼즐 고수가 되기까지 얼마나 많은 퍼즐을 완성해 냈을까요? 그것을 생각해 보는 게 어려운 공부라는 꼬리표 혹은 공부 실패라는 악순환 고리를 끊어 내는 데 있어 핵심이 될 수 있습니다.

학교에서는 혹은 학원에서는 '진도'를 나가기 바쁩니다. 정해진 시간 안에 가르쳐야 할 내용이 정해져 있기 때문이죠. 그래서 각자의 속도와 다르게 어쩔 수 없이 완성되지 않았지만, 퍼즐 맞추기를 끝내야 하죠. 사실상 퍼즐을 완성한 학생은 많지 않을 거예요. 하지만 바로 다음 단계 퍼즐로 넘어가게 되죠. 여기서 문제가 발생하는 겁니다. 아직 전 단계의 퍼즐도 제대로 맞추지 못하는데 자꾸만 더 어려운 문제를 풀게 하니까 말이죠.

그게 바로 우리가 그동안 공부가 어려웠던 이유예요. 내가 능력이 부족해서가 아니라 끝까지 완성하지 못한 채 계속 다음 단계로 넘어갔기 때문이죠. 그래서 이제는 그 고리를 끊어야만 합니다. 아직 이전 단계의 퍼즐을 완성하지 못했다면, 다 마치기 위해서 따로 시간을 확보해야 하죠. 혹은 지금 배우는 학교 수업 내용을 전혀 따라갈 수 없다면, 어느 퍼즐부터 제대로 완성하지 못했나 확인해 봐야 합니다.

만일 내가 고등학생인데 중학교 수준의 내용을 다 알지 못한다면 부끄러워할 필요 없이 중학교 교과서부터 다시 시작해야 한다는 말이에요. 물론 그동안 퍼즐을 아예 안 맞춘 건 아니니까 분명히 아는 내용도 있고, 모르는 내용이 공존할 거랍니다. 중요한 지점은 아는 것은 가볍게 보고, 모르는 것은 다시 천천히 살펴보며 구멍 난 지식을 채워야죠. 구멍을 채우는 과정이 곧 완성하지 못했던 퍼즐을 마무리하는 과정에 속합니다. 이렇게 차근차근 하나씩 그동안 완성하지 못했던 퍼즐을 끝낼 수 있다면 현재 내가 배우는 단계까지 따라잡을 수 있을 거예요.

하지만 현실은 어떤가요? 성적이 안 나온다고 자책만 할 뿐 과거를 되돌아볼 생각은 하지 않습니다. 오히려 학원에 다니게 되는데, 학원은 복습보다는 예습 위주로 진도를 나가죠. 미리 대비하기 위해서죠. 그러면 과연 학습 효과는 얼마나 있을까요? 아는 것 없이 계속 새로운 것만 채우려니 연결되지 않죠. 공부 잘하고 싶어서 학원에 갔는데 오히려 채우지 못하는 퍼즐 개수만 늘리는 상황이 됩니다.

만일 학원에서 내가 부족한 부분을 채워 주는 방식으로 수업이 진행된다면 너무 좋습니다. 그런데 그럴 확률은 없을 거예요. 그래서 개인지도를 받는 방법을 많이 택하죠. 근데 여기서 또 문제가 발생합니다. 누군가 내가 모르는 것을 가르쳐 주는 건 좋지만, 내가 그냥 듣기만 하면 그건 내가 공부한 게 아니죠. 다시 말해, 퍼즐을 누군가 완성하는 방법을 알려 주는 걸 듣기만 하고 실제 자기가 퍼즐을 직접 완성하지 못하게 되는 거랍니다.

이렇게 되면 사교육비로 돈을 들이고도 여전히 똑같은 상황에 놓이게 되죠. 안타까운 상황입니다. 그런데 현실에는 꽤 많은 학생이 이런 상황에 놓여 있어요. 불안감에 학원을 등록하죠. 그러다 또 못 따라가는 느낌이 들면 좌절감에 학원을 끊고요. 이미 해결책이라고 생각한 일이 정답이 아니라는 걸 깨달으면 아무것도 할 수 없는 무기력감에 빠지게 되죠. 참으로 안타까운 현실입니다. 정확한 수치로 표현하기 어렵지만 80퍼센트 이상 이런 딜레마에 빠져 있을 거예요.

만일 공부 능력을 대학 입시로만 평가해 본다면 SKY는 상위 3퍼센트 이내, 인 서울은 못해도 10퍼센트 이내, 수도권 대학 및 지방 거점 국립 대학은 20퍼센트 이내에 들어가야만 진학할 수 있거든요. 나머지 80퍼센트 이상의 학생들은 대학 입시라는 틀에 맞춰 볼 때 모두 공부 실패자죠. 그런데도 계속 자기 퍼즐을 완성하지 못한 채 쳇바퀴처럼 하루하루 지겨운 공부와 씨름을 하고 있답니다. 이 글을 읽는 여러분도 그중한 명일 수 있고요.

혹시라도 그동안 공부로 힘들었다면, 지금이라도 생각의 전환을 해보세요. 내가 능력이 부족했던 게 아니라 공부 방식에 문제가 있었다는 걸 말이죠. 하나를 하더라도 제대로 마무리할 수 있도록 노력하는 자세를 갖추라는 의미예요. 내가 배우는 내용이 어렵다면 기꺼이 자존심을 내려놓고, 나보다 나이 어린 동생들이 배우는 내용이라도 거기부터 시작할 수 있어야 해요.

스스로 정확한 진단을 할 수 있어야 해요. 고등학생이라도 중학교 혹은 초등학교 수준의 공부부터 시작하라는 말이에요. 그것도 어려우면 유치원 수준의 책부터 읽어도 됩니다. 뭐가 부끄러운 일인가요. 정말 부끄러운 일은 내가 제대로 알지 못한다는 사실이에요. 쉬운 것을 배운다고 해서 부끄러울 필요가 전혀 없으니 그런 생각하지 않기로 해요. 알겠죠?

Part 2

우리에게 공부는
왜 필요할까?

1

괜찮은 사람이
되는 과정

모두가 학자가 될 필요는 없어

세상 모든 사람이 다 대학교 졸업하고 석사, 박사까지 해서 학문을 연구하는 학자가 될 필요는 없지 않잖아요? 세상을 살아가는 방식이 한 가지만은 아니니까요. 우리나라에서 직업의 수는 대략 1만 개 이상이라고 해요. 미국은 3배 정도에 달하는 3만 개 이상 직업이 있다고 하고요. 땅도 크고 사람도 많은 나라니까 그럴 수 있겠지만, 글로벌 시대에 살고 있기에 우리가 어느 나라 사람이든 더 다양한 직업을 선택할 수 있답니다. 그만큼 진로 선택의 폭이 더 커졌다는 걸 의미하죠.

하지만 현실은 어떤가요? 명문 대학 진학, 대기업 취업, 전문직 시험 합격 등 너무 획일화된 방향으로만 가려고 합니다. 지구에 사는 80억 명이 모두 다른 삶을 사는 것처럼, 진로나 직업도 충분히 다를 수 있지 않을까요? 그렇다고 공부를 포기하라는 말은 아니에요. 오직 앞에서 말한 진로를 향해서만 하는 공부는 하지 말자는 거죠. 어차피 다른 인생을 살더라도 우리는 평생 다른 방법으로 공부해야 한다는 사실은 변하지 않아요.

그런 면에서 공부는 우리에게 주는 다양한 요소가 있답니다. 우선 내가 무엇을 하든지, 어떤 진로를 정하든지 괜찮은 사람으로 열정을 가지고 살아갈 힘을 준답니다. 사람은 계속 배워야 성장하거든요. 초식 동물은 태어나자마자 바로 일어서서 걷고 뛸 수 있죠. 빠르게 도망쳐야만 살아남을 수 있기에 더 빠르죠. 반면에 인간은 태어날 때부터 바로 강력한 힘을 가지고 태어나지 않아요. 다른 동물에 비해 태어날 때 매우 연약하게 태어납니다. 다름 아닌 뇌를 발달시키기 위해서랍니다. 태어나자마자 뇌를 바로 써먹을 수는 없지만, 차츰 지능이 올라가서 생태계 구조상 가장 상위에 오르게 되었죠.

만일 인간도 동물처럼 태어났다면, 굳이 다른 욕구가 없었을 거예요. 미국의 심리학자 매슬로가 말한 욕구 위계 이론에 따르면, 동물은 가장 기본인 생리적 욕구와 안전에 대한 욕구 등 원초적인 욕구만 해소해도 충분히 살아갈 수 있습니다. 하지만 인간은 그렇지 못하죠. 사회적 동물이기에 사람들과 어울리며 존중받고자 하는 욕구가 있죠. 더 나아가 최상위에 '자아 실현'이라는 욕구가 있는데, 어찌 보면 공부는 이 욕구를 실현하는 최고의 방법이라 볼 수 있습니다.

이렇게까지 자세히 인간의 욕구에 대해 말한 이유는 다름 아니라 꼭 시험을 위한 공부가 아니더라도 인간은 끝없이 성장하려는 욕구가 있다는 걸 알려 주고 싶어서예요. 사실 공부하지 않고 살아가도 사는 데는 문제 없어요. 하지만, 삶의 질은 달라질 수 있어요. 자본주의 사회에서는 더욱 그런데, 적어도 세상이 정한 틀에 필요한 사람의 조건을 맞출 수 있어야 돈을 벌고 그 돈으로 먹고살 수 있으니까요.

부모가 엄청 부자라서 나는 아무 일 안 해도 먹고 살 수 있다고 가정해 볼게요. 그런데 돈을 지혜롭게 모으고, 저축하고, 쓰는 법을 공부하지 않으면 그 많은 돈을 금방 잃을 수 있어요. 사기꾼의 속임수에 넘어가 잘못 투자했다가 홀라당 모든 돈을 날리는 경우가 빈번히 있어요.

시험공부는 안 해도 된다고 하지만, 세상을 살아갈 때 필요한 기본적인 필수 지혜와 관련된 공부는 꼭 해야 한답니다.

만일 누군가가 나를 먹여 살릴 수 있는 여건이 아니라고 해볼게요. 그러면 더욱더 공부에 집중하고 노력해야 합니다. 남들보다 더 능력이 있어야만 스스로를 책임질 수 있는 상황에 들어갈 수 있으니까요. 최소한 학교 공부를 잘하면 세상이 만든 시스템의 엘리트 코스에 들어가서 적당히 편하게 살아갈 수 있죠. 그런데 그 공부를 제대로 해내지 못할 때는 무엇을 해야 할지 더 고민이 될 거예요.

사실 좋은 대학을 나오지 못해도 어떻게든 살아갈 방법은 있어요. 근데 이왕이면 태어나서 살아가는 거 괴롭게 사는 것보다는 행복하면 좋지 않을까요? 개인마다 추구하는 가치가 다르겠지만, 적어도 삶에 만족을 느끼려면 '여유'가 있어야 하거든요. 그런데 여유를 얻기까지는 엄청난 시간이 걸린답니다. 대부분의 사람이 평생 여유 없이 살아가기도 하죠.

한 분야에 전문성을 기르기 위해 공부하고 연구하고 시간과 노력을 투자하면 남들보다 조금 나은 역량을 갖게 될 거예요. 그 역량을 바탕으로 앞으로 나아갈 수 있고, 남들보다 잘할 수 있는 일을 찾게 되면 부든 명예든 쌓아 올려서 좀 더 여유있는 삶을 살아갈 수 있게 되죠.

그런데 이 연습을 하는 것이 바로 10대에 학교에서 하루 종일 이뤄지고 있죠. 새로운 지식을 배우고, 책을 통해서 간접 경험하고, 자기가 좋아하는 분야 혹은 잘할 수 있는 분야가 어느 곳인지 탐색하니까요. 일명 진로를 찾게 되면, 그 분야에서 성공하거나 혹은 만족스러운 삶을 살기 위해 부단히 노력해야 해요. 꼭 책을 붙들고 하는 노력이 아니라 몸을 쓰든, 머리를 쓰든, 직접 경험을 하든 시행착오를 겪으며 계속 배워 나가는 거죠. 그게 바로 공부예요. 살아 있는 공부 말이에요.

오해하지 말아야 할 것은 꼭 한 분야에서 1등을 하라는 말이 아니에요. 우리는 너무 경쟁 의식 속에 살아가는데 그럴 필요 없어요. 자기가 만족하고 행복을 느끼는 삶을 만들기 위해 초석을 닦으라는 거예요. 그 초석이 바로 '공부'라는 겁니다. 학교 성적이 조금 나오지 않으면 어때요? 여전히 우리는 진로를 찾기 위해 공부하면서 탐색하는 상황이니까요. 그러니 좌절할 필요도 없답니다. 좋은 성적을 받기 위한 공부가 아닌 내 삶의 방향성을 찾기 위한 공부라고 생각하면 모든 게 해결됩니다. 여러분이 조금 더 괜찮은 사람이 되기 위한 과정으로 여기고 열심히 공부하고 노력하기를 바라는 것이죠.

자기 효능감과 신뢰감 상승의 길

어릴 때부터 무언가를 잘해 본 경험은 하나씩 있을 거예요. 어떤 놀이를 하든 비디오 게임을 하든 다른 사람보다 더 잘해 본 적 있잖아요. 그럴 때 기분이 어땠나요? 간단히 말해서, 좋았죠? 그런 기분을 많이 느끼는 사람은 다음에 무엇을 도전하든 잘할 수 있을 가능성이 더 커요. 우리 몸은 감정으로 기억하기 때문이죠. 내가 잘할 수 있을 거라는 믿음이 생기면 그게 자신감으로 이어져서 좋은 결과를 낼 수 있죠.

공부에 대한 자신감을 얻으면 살아가면서 어려움이 있어도 이겨 내는 힘을 기를 수 있답니다. 자기를 믿고 해낼 수 있다는 감정이 강하기 때문이죠. 이것을 우리는 '자기 효능감'이라고 불러요. 사전에서는 '자신이 어떤 일을 성공적으로 수행할 수 있는 능력이 있다고 믿는 기대와 신념' 혹은 '어떤 문제를 자신의 능력으로 성공적으로 해결할 수 있다는 자기 자신에 대한 신념이나 기대감'으로 정의하거든요. 여기서 포인트는 '문제 해결'을 하는 사람이 된다는 거예요.

우리는 살면서 수없이 위기와 고난의 시기를 맞습니다. 우리 삶에 문제가 발생한다는 의미죠. 그런데 평소 이런 문제를 해결하는 연습을 하지 않으면 더 많이 깨지고 다치죠. 물론 그런 경험도 소중하지만, 이왕이면 조금 덜 다치면서 앞으로 나아가면 좋으니까 말하는 거예요. 그러기 위해서는 문제가 발생했을 때 어떻게 해결할지 스스로 고민할 수 있어야 해요. 내가 가진 모든 직간접 경험을 총동원해서 해야 하죠.

직접 경험은 우리가 몸으로 직접 뛰면서 알게 되는 경험이고, 간접 경험은 내가 직접 경험하지 않아도 책이나 영화 혹은 다른 사람 이야기를 통해서 보고, 듣고, 느끼며 얻을 수 있죠. 그런 면에서 공부라는 건 이 두 가지 경험을 모두 포함해요. 가만히 책상에 앉아서 하는 공부만을 의미하는 게 아니라는 뜻이죠.

한 예로, 우리는 새로운 가전 기기 제품을 샀을 때 무얼 하나요? 어떻게 작동하는지 설명서를 보면서 기능에 대해 알아보고, 하나씩 눌러 보면서 익숙해지려고 하지요. 사실 이 과정도 공부예요. 내가 아직 풀 수 없는 문제를 해결하기 위해서 설명서를 읽고, 해석하고, 이해하고, 몸으로 실천하니까요. 제가 말하는 공부는 이것을 말하는 거예요. 단순히 지식만 머릿속에 넣는 게 아니라, 이해한 것을 우리 삶에 적용하는 것 말이죠. 그래야 공부하는 진짜 의미가 있는 거예요.

여러분이 좋아하는 게임도 마찬가지예요. 이미 게임을 먼저 해본 사람들이 만들어 놓은 공략집을 읽으면서 어떻게 하면 더 게임을 잘할 수 있는지 혹은 다음 단계로 넘어갈 수 있는지 연구하죠. 부모가 보기에는 공부는 안 하고 쓸데없이 게임만 한다고 생각할 수 있어요. 그러나 이것도 저는 하나의 공부 과정이라고 생각해요. 실제 마케팅 전략에 능하고, 여러 개 회사를 운영하는 일명 '자청'이라고 불리는 사업가는 자기가 성공할 수 있는 비결이 게임 공략집을 연구하던 경험 때문이라고 했어요.

철저하게 전략을 세워서 도전하고, 만일 실패하면 다시 다른 방법으로 도전했죠. 그렇게 게임 공략을 하나씩 적용하듯이 삶에서도 똑같이 전략을 세워 문제를 해결한 거예요. 다른 사람들은 생각조차 하지 않는 일을 더 첨예하게 연구해서 계속 전진할 수 있었죠. 이 연구 과정이 곧 공부이기에 우리가 공부해야 할 이유는 분명합니다. 그게 학교 공부든 혼자서 책 읽고 탐구하는 공부든 어떤 것이든 말이죠.

내가 잘 알 때와 모를 때는 분명히 자신감 차이가 있어요. 물수제비를 만들기 위해서 돌을 잘 던져야 하는데 그 방법을 정확히 모르면 나서서 하겠다고 할 수 없죠. 하지만 내가 그동안 쌓아 온 지식과 경험 그리고 시행착오를 통해서 얻은 교훈을 바탕으로 돌을 잘 던질 수 있다는 생각이 들면 다른 상황이 펼쳐지죠. 누구보다 자신 있게 돌을 던질 수 있을 거예요. 그리고 더 많은 물수제비를 만들 수 있을 거고요.

우리 삶에서 공부도 똑같아요. 내가 아는 것이 많을수록 더 자신 있게 살아갈 수 있어요. 누군가 무언가를 물어봤을 때 계속 모른다고 말하는 것보다 잘 알고 있을 때 친절하게 설명할 수 있으니까요. 게다가 누군가에게 설명할 수 있다는 것은 그 지식에 대해서 90퍼센트 이상 정확히 알고 있을 때 가능한 일이거든요.

세상은 넓고 크답니다. 우리가 평생 살아가면서 모든 지식을 다 알 필요는 없지만, 최소한 살아가면서 필요한 지혜는 있어야죠. 그래야 더 자신 있게 긍정적인 삶을 살아갈 수 있으니까요. 꼭 일등을 하라는 의미가 아니랍니다. 내 윤택한 삶을 위한 공부에 에너지를 쏟아부으라는 거예요. 제 이야기를 하나 들려 드릴까 해요.

스무 살 이후 저는 대학교, 대학원 전공 서적을 제외하고는 개인적인 발전을 위해 책을 읽은 적이 거의 없어요. 그런데 2019년부터 책을 읽기 시작했고, 그동안 내가 살던 세상과는 다른 분야에 대해 간접적으로 지식과 경험을 쌓았죠. 독서는 시간과 공간을 넘어서 지식과 경험을 채울 수 있는 가장 빠른 방법이에요. 중간에 1년 넘게 육아하느라 혹은 학교 일을 하느라 독서를 못 하기도 했지만, 현재까지 300권 가까운 책을 읽었죠. 그리고 제 삶에 무슨 변화가 있었을까요?

100권 넘게 읽으니까 책 한 권 쓸 수 있는 사람이 되었어요. 아는 게 많아지니까 나도 누군가한테 아는 것을 전달하고 싶어지더라고요. 200권이 넘어갈 무렵에는 책이 5권 나왔어요. 아는 게 많으니까 더 빨리 지식을 습득하고 연결하는 힘이 생기더라고요. 300권 가까이 읽는 지금은 이미 10권 이상의 책 원고를 쓴 상태예요. 신기하게도 아는 게 많아질수록 더 자신감이 생기고, 내가 할 수 있는 일이 더 많아져요. 속도나 질적인 부분에서도 능력이 더 향상되었답니다.

이런 경험을 하고 나니까 우리 인생에 공부는 필수라는 생각이 들었어요. 나에게 닥쳐올 문제를 해결하기 위해서는 아는 게 있어야 하고, 그 아는 힘을 통해 자신감을 가지고 헤쳐 나가야 한다고 느꼈죠. 학교에서 배우는 과목은 최소한의 지혜라고 보면 됩니다. 물론 내가 별로 관심 없는 과목도 있겠지만, 일단 배워 두면 언젠가 쓸 일이 있어요.

독서도 좋아하는 분야의 책만 읽으면 편식해서 지식 불균형이 나타나거든요. 그런 면에서 학교에서 배우는 내용은 다양하고, 살아가면서 최소한으로 알면 좋은 내용들이니 필수라고 볼 수 있죠. 세상은 넓고 알아야 할 게 무한하므로 최소한은 해보자는 거예요. 그런 노력 속에서 자신이 더 좋아하고 잘할 수 있는 것을 찾게 되면, 그때는 자신감이 붙어서 전문가로 혹은 그 분야에서 성공한 삶을 살아갈 수 있죠. 그러니 공부해야 한다는 사실을 인정하고 노력해 보기로 해요.

열심히 공부해 본 경험이
있느냐 없느냐의 차이

명문대에 진학하기 위해 끝없이 노력했던 우등생들이 목놓아 말하는 진실 한 가지가 혹시 무엇인지 아나요? 우선 명문대에 갔더니 자기보다 더 나은 사람이 많다는 걸 느낀대요. 그리고 입시에 성공하기 위해 죽을 각오로 최선을 다했던 경험이 있어서 대학에서 무슨 일이 생겨도 별로 어렵게 느껴지지 않는대요. 아무리 힘들어도 고등학교 3년 동안 죽어라 공부했던 시간보다 더 힘든 일이 없기 때문이라고 해요.

그런데 만일 학창 시절에 공부하지 않고, 의미 없이 허송세월 보내면 어떻게 될까요? 개미와 베짱이 이야기 아시죠? 겨울이 오기 전에 피땀 눈물 흘리며 곡식을 모았던 개미는 춥고 배고프고 힘든 겨울을 무사히 날 수 있죠. 반면에 기타 치고 노래 부르며 놀았던 베짱이는 어떤가요? 겨울에 굶어 죽게 생겼죠. 스무 살이라는 나이에 벌어지는 격차가 10대에 얼마나 치열하게 공부해 본 경험이 있느냐 없느냐에 따라서 생길 수 있다는 의미예요.

자기에게 주어진 미션을 성공적으로 마치기 위해 남들보다 노력한 시간이 있었기에 스무 살 출발도 더 앞설 수 있죠. 그렇다고 나중에 역전당하지 않는다는 법은 없지만, 그래도 유리한 건 사실이에요. 주변에서 접하는 정보도 더욱 알짜배기일 수도 있고요. 좋은 물에서 생활하기 때문에 더 쾌적한 삶을 꿈꿔 볼 수도 있죠. 적어도 구정물에서 앞이 안 보여 헤매는 것보다 나을 테니까요.

어른들이 커서 '공부도 다 때가 있다'고 하는 이유는 나중에 돌이키고 싶어도 되돌릴 수 없는 시간이기 때문이에요. 게다가 현대 사회의 시스템에서는 공부를 열심히 하면 그래도 조금이나마 편하게 삶을 살아갈 기회가 더 많이 생길 수 있으니까요. 시험을 잘 봐서 좋은 대학에 가거나 좋은 직장에 취업하는 것이 가장 보편적인 방법이니까요. 이왕이면 좋은 직장에 들어가서 높은 연봉을 받으면 더 여유롭게 살 수 있죠. 일반적으로 사람들이 말하는 학창 시절에 공부해야 할 이유는 이와 같다고 볼 수 있죠.

하지만 저는 조금 다른 이유로 학창 시절에 더 열심히 공부하라고 하고 싶어요. 다른 이유는 없고, 학생으로서 보편적으로 겪을 수 있는 힘든 일이 '공부'니까요. 더 힘든 일이 개인에게 올 수도 있지만, 대부분 학생은 공부로 힘들잖아요. 그런데 그 힘든 공부를 자기가 참고 견디면서 끝까지 포기하지 않고 노력하면, 그렇게 힘을 들였던 만큼 우리 몸과 마음에 모두 기억이 남아 다른 어려운 일이 있을 때도 포기하지 않는 끈기가 생긴답니다.

혹시 유망주였던 운동선수가 부상으로 어쩔 수 없이 운동을 포기하고 공부에 성공한 사례를 종종 본 적이 있지 않나요? 사실 공부보다 더 힘든 일이 운동이라고 해요. 몸과 마음이 다 괴롭거든요. 남들보다 잘 하기 위해서는 더 피나는 연습을 해야 하고, 경기에 나가서 퍼포먼스를 잘 보이지 못하면 경쟁에 밀려서 아무리 좋아하는 운동이라고 해도 진로 혹은 직업으로 택할 수 없죠. 공부로 대학에 들어가는 것보다 운동으로 대학에 들어가는 게 더 어려울 수도 있다는 말이에요. 사실 예체능 분야는 유망주가 아닌 이상 크게 성공하기 어렵다고 해요. 차라리 책상에 앉아 공부해서 더 많은 자리 중에 하나를 차지하는 게 오히려 쉽다는 말이죠.

그런데 운동을 정말 진심으로 했던 사람이라면, 공부에도 온 힘을 다해 피나는 노력을 할 수 있답니다. 그래서 역전 스토리가 나오는 거예요. 운동할 때 키웠던 체력을 바탕으로 꿋꿋하게 자리에 앉아서 공부하는 모습을 보이기 때문이죠. 물론 처음에는 쉽지 않을 거예요. 그동안 운동하느라 기본적인 지식을 쌓을 시간이 없었을지도 모르니까요. 그래도 아무것도 안 하는 사람보다는 분명히 빠르게 부족한 점을 채워 나갈 수 있을 거예요.

이들에게 '운동'은 한때 그들이 해야만 하는 '어려움'이었어요. 하지만 공부를 시작하면서 새로운 어려움이 생긴 것이죠. 하지만 운동하는 사람들은 특유의 끈기가 있어요. 아무리 극한의 상황이라도 버티고 또 버티기 때문이죠. 운동할 때 이미 거의 최상의 어려움을 맛보았기 때문에 공부는 그것에 비하면 별거 아닌 일이 될 수 있죠. 여기서 중요한 교훈이 있답니다.

학창 시절에 공부로 힘들지만, 그래도 세상에서 할 수 있는 일 중에 가장 쉬운 일이에요. 그런데 여기에서 거의 끝을 볼 정도로 최선을 다하고 끝까지 노력했다면 말이 달라지죠. 앞으로 더 어려운 일이 다가오지만, 이미 마라톤을 완주했던 경험과 기억이 있기에 새로운 경기가 있어도 포기하지 않고 달릴 수 있는 거예요.

졸업생들을 인터뷰하며 들은 이야기가 있어요. 고등학교 때 정말 힘든 시간을 보냈지만, 그렇게 치열하게 공부한 경험 덕분에 대학에서도 뒤처지지 않는다고 해요. 게다가 수능 시험보다 더 어려운 변호사 시험, 의사 시험, CPA, 행정 고시 등을 공부해도 해볼 만하다네요. 강도는 조금 약해도 이미 비슷한 경험으로 성취한 경험이 있기에 그렇다고 해요. 또한 끝까지 버틴 경험이 있어서 새로운 어려움도 끝까지 버틸 수 있을 거라는 막연한 믿음이 생긴답니다.

실제 고등학교 때 하루도 허투루 보내지 않고 매일 공부했던 학생들이 있습니다. 그렇게 공부한 학생들은 역시나 좋은 대학 입시 결과를 받았죠. 그리고 대학에 가서도 시간을 아깝게 보내지 않습니다. 열정적으로 놀고, 그만큼 열정적으로 공부하죠. 이미 인내심을 가지고 인생에서 가장 중요한 미션을 성공적으로 해냈기에 그렇습니다. 반면에 학창 시절에 하루하루 충실하게 보내지 않은 학생들은 성인이 되어도 똑같은 태도로 살아가기에 삶에 변화가 없죠.

학창 시절에 충실하게 공부해야 한다고 주장하는 이유는 다름 아니라 삶을 대하는 태도와 연결되기 때문입니다. 10대에 형성된 삶을 대하는 태도가 결국 우리의 20대, 30대, 40대에 영향을 주어 인생 전반에 걸쳐 그런 삶을 살아가게 하기 때문에 그렇습니다. 항상 강조하지만, 꼭 시험을 위한 공부가 아니어도 좋습니다. 내가 성장하고 발전할 수 있도록 공부하고, 삶에 최선을 다하는 태도를 갖기 위해 공부에 열중하시길 바랍니다. 그런 태도를 갖추면 나중에 어려움이 생겨도 끝까지 포기하지 않고 견디는 힘을 발휘할 수 있을 테니까요.

우리가 기억하는 건
점수가 아니라 노력했던 경험

우리가 착각하는 것 중 하나는 우리의 능력을 시험 점수로만 평가하려고 하는 거예요. 하지만 시험 점수는 숫자일 뿐 우리의 진정한 실력을 제대로 평가할 수 없죠. 평가 기준이 무조건 옳다고 볼 수 없잖아요. 게다가 시험 점수는 일부 과목, 일부 내용이 담긴 지식을 평가하는 도구일 뿐이에요. 하지만 시험공부를 하기 위해서 수업을 열심히 듣고, 필기하고, 복습하고, 내 것으로 만들기 위해 노력한 경험은 평생 남습니다. 단발성으로 끝나지 않기 때문이죠. 반복할수록 우리는 더 단단해집니다.

학교에서 혹은 학원에서 배운 지식을 시험 보는 데만 쓰려고 해요. 사실은 우리 인생에 도움이 되는 지식을 쌓는 게 공부이고, 그 지식을 바탕으로 실제 경험을 해보는 게 진정한 공부인데 말이죠. 좋은 소식을 하나 들려 주자면, 시험은 취업 이후에는 특별한 경우(승진 시험 혹은 자격증 취득)가 아니라면 다시는 없을 일이에요. 그러나 공부는 평생입니다. 시험은 없어도 우리가 살아가면서 문제를 해결하기 위해서는 끝없이 모르는 것을 채워야 하기 때문이죠.

만일 학교 수업 시간에 집중해서 듣지 않고 만날 잠자거나 멍하니 앉아 있는 태도를 보인다면 어떻게 될까요? 나중에 커서도 이런 태도는 그대로 이어진답니다. 항상 나한테는 별로 중요하지 않은 일이라고 생각하는 마인드가 싹트고 자라서 거대한 나무로 자리잡죠. 왜 그런 말 있죠?

'생각을 조심해라. 말이 된다. 말을 조심해라. 행동이 된다. 행동을 조심해라. 습관이 된다. 습관을 조심해라. 너의 성격이 된다. 성격을 조심해라. 너의 운명이 된다. 결국 우리의 운명은 생각하는 대로 된다.'

— 마가렛 대처

나와 연관성이 적다고 생각해서 최선을 다하지 않는 태도는 결국 나에게 독이 되어 돌아옵니다. 누구에게나 똑같이 주어지는 이 시간을 제대로 사용하지 못하는 사람이 되죠. 지금 당장 내 앞에 주어진 일에 집중하지 않는 모습이 미래의 내 모습과 같다면 어떨까요? 아무리 부족해도 어떻게든 해보려고 노력하는 자세가 미래의 내 모습에 그대로 이어질 수 있습니다. 이 점을 간과해서는 안 돼요.

공부가 재미없고, 힘들고, 어려워서 자꾸만 외면한다면 미래에 나에게 작은 어려움이 닥칠 때마다 외면하고 포기하는 모습을 보이게 될 거예요. 무엇을 하든 언제나 최선을 다하는 태도를 갖춰야 나중에도 그 태도를 유지할 수 있다는 말이죠. 나무 한 그루를 키워 내기 위해서는 정말 많은 시간을 투자해야 합니다. 그리고 알맞은 환경을 조성해 줘야만 올바르게 자랄 수 있죠. 하루 동안 받아야 할 햇빛과 물의 양 등 기본적인 것부터 충족해야 싹이 트고, 모종이 되어 줄기를 뻗고, 나중에 잎과 열매를 맺을 수 있죠.

그런데 우리는 열매는커녕 싹조차 키우지 않고 있으니 그게 문제라는 거예요. 단순히 공부를 열심히 하라는 의미가 아니라 공부를 대하는 태도를 기르라고 말하고 싶은 거랍니다. 이왕이면 태도가 올바르면 좋겠죠. 의욕 없는 태도가 아니라 열정적으로 혹은 진심을 보이는 태도를 말하는 거예요. 나중에 내가 좋아하는 일이 생겼을 때도 무기력한 상태라면 실천할 가능성이 크지 않겠죠. 그런 상황을 대비하여 어릴 때부터 올바른 태도를 길러야 해요. 누가 시키지 않아도 알아서 움직이는 사람이 되어야 하니까요.

제가 아는 한 학생은 특목고에 진학해서 우울한 시간을 보냈어요. 중학교 때까지는 제법 공부를 잘해서 명문고에 진학했죠. 하지만 뛰어난 다른 학생들과 경쟁하면서 성적이 나오지 않자 기가 죽었답니다. 아무리 노력해도 안 된다고 생각하게 되었죠. 스스로 자신 있게 할 수 없는 사람으로 만들었어요. 그런 태도가 1년 이상 지속되자 성적은 더 떨어졌고, 중학교 때 우등생은 고등학교 때 열등생이 되었어요.

그렇게 2년을 지내고 수능 시험을 준비하는 고3 때 저를 만났어요. 첫 상담할 때 보니까 내신 성적이 형편없었어요. 서울은커녕, 수도권 대학 진학도 어려운 상태였죠. 그리고 무엇보다 삶을 대하는 태도가 무너져 있었어요. 상담을 하자고 해도 별로 관심을 보이지 않았죠. 하지만 제가 조르고 졸라 시간을 잡았어요. 공부 이야기는 안 하더라도 삶에 관한 이야기를 나누고 싶어서였죠.

간신히 상담을 잡고 이야기를 시작했어요. 물론 공부 이야기부터 하지 않았죠. 잠은 잘 자는지, 밥은 잘 먹는지 등 기본적인 생활부터 물어봤어요. 역시나 삶의 균형이 무너져 있더라고요. 불면증에 시달리고, 가끔 밤새 게임하고, 아침 식사도 거르고, 규칙적인 생활이 없더라고요. 학교는 몸만 왔다 갔다 할 뿐 마음은 그냥 둥둥 떠다니고 있었어요. 심지어 밥 먹는 것에도 의욕이 없는 모습은 충격이었죠. 잘 먹고, 잘 자는 것이 가장 기초적인 인간의 욕구인데도 말이죠.

'공부'라는 욕구는 모든 게 채워진 상태에서도 실천할까 말까 하는 욕구이기에 우선 기본적인 생활부터 잡아야겠다고 생각했어요. 그래서 왜 지금 생활을 잘해야 하는지 이야기를 나눴죠. 물론 저의 아픈 과거가 있었기에 마음이 통할 수 있었어요. 그때로 돌아갈 수 있다면, 저는 태도부터 고쳐먹고 싶다고 의견을 말했죠. 나중에 정신 차리고 다시 시작하려니 더 힘들었다고 말하면서 말이에요.

현재의 저는 물론 과거의 저보다 성장한 상태지만, 더 피나는 노력을 했기에 현재에 이르게 되었거든요. 그런데 삶을 대하는 태도가 중요하다는 사실을 좀 더 일찍 깨닫고 공부가 아닌 뭐라도 열심히 했다면 어땠을까 항상 생각해요. 그래서 10대 친구들이 무기력한 삶을 살지 않기를 간절히 바라는 거예요. 다행히 그 친구는 제 이야기를 경청했고, 당장 공부나 성적에 큰 변화가 없더라도 삶을 대하는 태도부터 바꾸기로 약속했어요.

자기가 하루 동안 겪는 모든 일에 최선을 다하기로 했죠. 우선 규칙적으로 생활하려고 노력했어요. 아침에 일어나면 하는 사소한 일부터 집중했죠. 이불 정리, 머리 감기, 아침 식사하기, 학교에 늦지 않기, 일찍 자고 일찍 일어나기 등 구체적이면서도 사소한 일부터 실천했어요. 덕분에 다시 규칙적인 생활을 하게 되었죠.

그렇게 기본적인 욕구를 충족하게 되니까 어떻게 살아가야 할지 고민을 시작했어요. 우선 자기 상황을 객관적으로 바라보고, 무엇이 문제고 무엇이 필요한지 생각했죠. 덕분에 진로에 대한 고민도 함께 할 수 있었죠. 현실적으로 명문대 진학은 어려우니 학교는 상관하지 않고 진로를 결정하기로 했어요. 자기가 잘할 수 있는 일과 좋아하는 일을 찾아봤고요.

그렇게 과제를 하나씩 해결하면서 저와 계속 상담했어요. 내용을 종합해 보니 경찰이나 군인이라는 진로를 선택하면 잘 맞을 것 같다는 생각이 들었죠. 다행히 이 학생도 그 분야가 자기에게 잘 맞을 거라고 동의했어요. 그래서 대학에 진학하는 게 좋겠다고 판단하고 본격적으로 공부를 시작했어요. 부족한 게 많아서 할 게 많았지만, 조급해하지 않고 차근차근 기초부터 닦았죠. 만일 재수를 하더라도 기초가 있어야 다음 해에 더 나은 모습이 될 것이라 믿었죠.

그런 덕분에 학교 수업 시간에도 집중할 수 있었어요. 수업 시간에 뭐라도 남기겠다는 태도를 갖춘 덕분이었죠. 이렇게 1년을 보냈더니 생각보다 성적이 많이 올랐어요. 비록 서울권 혹은 수도권 대학에 진학할 수는 없었지만 그래도 집에서 그나마 가까운 대학에 진로와 관련된 학과에 합격할 수 있었죠. 그리고 제가 먼저 제안하지 않았는데 스스로 미래 계획을 세웠더라고요.

대학에 입학해서 정말 열심히 공부하더니 장학금을 받고 다니고, 3학년 때는 편입에 성공해서 서울 소재 대학으로 옮겼어요. 그리고 지금은 열심히 경찰 공무원 시험 준비 중이랍니다. 만일 고3 때 삶을 대하는 태도를 바꾸지 않았다면 이 학생의 운명은 어떻게 되었을까요? 아마도 지금까지 진로를 정하지 못하고 계속 방황하고 있지 않았을까요?

대학 진학이 정답은 아니지만, 내가 가고자 하는 길에 필요한 하나의 과정이라면 우리는 준비해야 하죠. 혹은 대학이 아니더라도 우리 삶에 놓인 사소한 어떤 일에도 열정적인 태도로 집중한다면 더 나은 삶이 기다리고 있을 거예요. 그러니 학생으로서 가장 기본이 되는 공부를 대하는 태도를 먼저 갖추길 권해 봅니다. 공부가 힘들다면 일단 생활 태도부터 바꿔 보는 건 어떨까요? 분명히 여러분의 미래를 바꿀 것입니다.

다양한 경험이 나를 더 성장시킨다

혹시 스탠퍼드 대학에서 스티브 잡스가 한 연설문 제목을 기억하시나요? 'Connecting the dots', 내가 살면서 찍었던 무수한 점들이 연결되어 선이 된다는 말이에요. 지금 이 순간에도 내가 경험하는 모든 것이다 살이 되고 피가 된다는 말이죠. 스티브 잡스는 비록 대학교를 중퇴했지만, 그때 잠시 들었던 서체 수업 덕분에 다양한 서체를 가진 컴퓨터를만드는 데 도움이 되었다고 해요. 애플 설립 후 쫓겨났을 때도 괴로움은있었지만, 덕분에 NeXT라는 회사를 설립하는 계기가 되었지요.

막상 우리가 서 있는 그 순간에는 이 경험이 과연 나중에 도움이 될까 하는 의문이 들죠. 특히 관련성이 없어 보이면 더욱 그렇죠. 하지만미래의 일은 알 수 없어요. 지금은 비록 아무런 연관성이 없지만, '점'으로 찍혀 있는 모든 경험이 어느 순간 '선'이 되어 있는 상황을 마주하게 될 거예요. 쉽게 말해, 지금 학교에서 배우는 내용이 별로 도움이 되지 않는다고 생각할지라도 열심히 공부해 두면 내 인생의 선을 그릴 때작은 역할이라도 한다는 의미죠.

유한한 시간 속에서 어차피 그 시기를 지나야 한다면 어떤 점을 찍는게 우리 삶에 더 도움이 될까요? 이왕이면 나에게 도움이 되는 점을 찍는 게 더 빠르게 선을 만들 수 있겠죠. 하지만, 지금 상황이 당장 나에게 도움이 안 된다는 생각이 들면 어떻게 할 건가요? 굳이 필요 없는 점이 니까 가만히 있을 건가요? 아니죠. 어차피 점을 찍어야 하는 상황이라 면 무엇이라도 찍어 두는 게 낫죠. 나중에 선을 그을 때 연결될 수도 있 으니까요.

만일 학교 수업 시간에 배우는 내용이 별로 도움이 안 된다고 생각이 든다면, 다른 학교 활동에 참여하면서 점을 찍어 보길 바랍니다. 가만 히 자리에 앉아서 하는 공부가 아니라도 좋다는 말이에요. 동아리 활동, 다양한 프로그램 참여, 친구, 선생님과 교류 등 학교에서도 할 수 있는 게 많거든요. 물론 대부분 시간은 책상에 앉아서 수업을 들어야 하니까 수업 시간에 배우는 내용 중에 그나마 도움이 될 만한 것은 없을지 잘 들어 보면 좋고요.

제가 재미있는 이야기 하나 해볼까 해요. 제 이야기인데요, 저는 고등 학교 때 공부 안 하고 방황을 많이 했어요. 감수성도 예민한 시기였고, 다른 친구들이 공부를 너무 잘하니까 경쟁에 밀려서 주눅들고 그랬어 요. 비록 성적은 잘 안 나왔지만 삶을 대하는 태도는 변함없이 유지하 려고 노력했어요. 수업 시간에 열심히 듣고, 필기도 열심히 하고, 발표 도 열심히 하고, 동아리에서는 리더로 활동하고, 점심시간에 친구들과 매일 운동하고, 제가 할 수 있는 모든 것에 최선을 다했어요.

비록 좋은 대학에 가지는 못했지만, 대학에서도 할 수 있는 모든 것에 열정을 쏟아부었어요. 수업 열심히 듣는 건 당연하고, 학년 대표로 활동 하고, 영어 연극 동아리에 들어가서 4년 동안 배우로 활동했어요. 공부 면 공부, 활동이면 활동, 닥치는 대로 최선을 다했죠. 그렇게 열심히 하 니까 4년 동안 장학금을 받고 다닐 수 있었어요. 이뿐만 아니라 교수님,

선배, 동기, 후배 등 사람들과도 좋은 관계를 유지할 수 있었죠. 나아가 80명 중 4명만 얻을 수 있는 교직 이수도 할 수 있었어요. 경쟁을 뚫고 ROTC 과정을 거치기도 했고요.

정말 힘들었던 군대에서는 장교로 복무하면서 밤새며 행정 업무도 많이 했고, 교육 훈련도 직접 지도하고, 훈련에 나가면 밤새가며 전술 훈련도 했죠. 물론 사람들을 관리하는 위치였기에 관리자 위치에서 삶을 살기도 했죠. 국방의 의무를 다하기 위해 군대에 간 거였지만, 그리고 정말 힘들었지만 그래도 늘 최선을 다하려 노력했어요.

그런데 그렇게 열심히 사니까 장기 복무자도 아닌데 전역 6개월 남겨 두고 대대 간부로 근무하게 되었죠. 사실 나머지 복무 기간에는 소대장 중 최선임으로 편하게 하던 일만 하면 될 텐데 또 다른 도전의 시작이었답니다. 처음에는 나에게 왜 이런 시련이 왔는지 괴로워했지만, 다시 마음 다잡고 마무리를 잘하기로 결심했죠. 특히 전역을 한 달 앞두고는 큰 부대 훈련을 일주일 동안 치르며 하루 2시간밖에 잠을 잘 수 없었어요. 이렇게 잠 줄여 가며 공부했으면 하버드에 갔을 텐데 하는 생각이 들 정도였어요.

내가 원하지 않는 상황이 계속 발생해도 저는 최소한 삶을 대하는 태도에 있어서 후회하고 싶지 않았어요. 그래서 매 순간 최선을 다하려 노력했죠. 그 덕분에 가난했던 해외 유학 생활에서도 그리고 교사로 학교에서 근무할 때도 지난날의 경험이 모두 도움이 되었답니다. 호주에서 유학 생활할 때 돈이 없어서 매일 학교, 집, 도서관, 아르바이트하는 장소 외에는 거의 다른 활동을 하지 못했어요. 공부하기 위해 돈을 벌어야만 했으니까요.

정말 외롭고 힘든 현실과의 싸움이었는데 군대에서 하루 2시간 자면서도 버텼는데 이걸 못하겠냐 싶었어요. 새벽 3~4시까지 과제하고 다음날 아르바이트하거나 학교에 가서 공부하는 삶을 버틸 수 있었어요. 이미 극한의 상황을 경험해 봤기에 이 정도 상황은 충분히 견뎌 내는 힘이 생겼던 것이죠. 교사가 되기 위해 시험을 준비하는 기간에도 학교 일을 하면서 학교 끝나면 매일 도서관에 가서 공부했어요. 하루를 24시간 알차게 살 수밖에 없는 현실이 슬프기도 했지만, 더한 경험도 했기에 다 이겨 낼 수 있었죠. 과거의 경험 덕분에 포기하지 않고 계속 일하면서 공부했고, 마침내 정교사로 임용될 수 있었죠.

학교에 와서는 또 위기가 없었을까요? 아니오, 삶은 고난과 위기의 연속이에요. 수업도 해야 하고, 행정 업무도 해야 하고, 담임 교사로서 학생들 관리도 해야 하고, 행사도 진행해야 하고, 정말 어려운 일이 많거든요. 그런데 다행인 건 그동안 제가 쌓았던 경험이 정말 '점'이 되어 교사로서 '선'을 그릴 수 있었어요.

군대에서 교육 계획서 작성하고 큰 목소리로 주의를 집중시키며 수십 명의 부하를 교육하는 일을 했기에 수업할 때 크게 도움이 되었어요. 그런데 생각해 보면, 대학교 때 영어 연극을 해서 누군가 앞에서 발표하고 연기하는 일이 수월했죠. 또한 밤새며 행정 업무했던 경험을 발판 삼아 학교 행정 업무도 할 만했죠. 특히 한글 문서는 제가 단축키를 이용해서 빠르게 작업할 수 있기에 행정 업무에 특화될 수 있었어요. 모두 과거의 경험이 제가 하는 일에 연결되어, 그동안 노력이 물거품이 되지 않는다는 걸 새삼 깨달았답니다.

더 놀라운 일은 제가 고등학교 때 방황하며 썼던 글쓰기 활동은 대학원에서 에세이를 쓸 때 도움이 되었고, 심지어 학교에서 생활기록부 쓸 때도 도움이 되었죠. 나아가 현재 작가가 되고 나서 보니까 책 쓰기 방식은 해외 대학원에서 힘들게 배웠던 인용 방식과 같은 노력이 쌓여서 만들어 낸 결과 같아요. 정보를 찾고 요약하고 내 생각을 쓰는 글쓰기 과정이 곧 책 쓰기와 비슷하거든요.

이처럼 그때는 도움이 될지 몰랐던 경험이 지나고 보면 다 내 인생에서 중요한 역할을 하고 있다는 걸 깨닫게 됩니다. 정말 저도 그때는 몰랐어요. 힘들기만 했지 과연 지금 경험이 도움이 될까, 항상 의구심에 빠져 있었죠. 하지만 이제는 말할 수 있어요. 지금 하는 다양한 모든 경험이 언젠가 쓰일 것이라는 걸 말이죠. 그래서 아무리 힘들어도 저는 제가 할 수 있는 선에서 최선을 다하려 노력합니다. 그러면 지금보다 나은 내일의 내가 기다리고 있을 테니까요.

우리가 공부하는 이유도 이와 같아요. 어제보다 오늘, 그리고 오늘보다 내일 더 나은 사람이 되기 위해서 하는 거예요. 그러니 지금 아무것도 하지 않고 있지 않도록 주의하세요. 충분히 어떤 점이라도 찍을 수 있는 기회를 놓치게 되니까요. 꼭 공부가 아니어도 좋으니 무언가라도 하면서 시간을 아깝지 않게 보내도록 노력해 보는 건 어떨까요?

2

슬기롭게 문제를
해결하는 능력

공부는 대뇌를 발달시키는 과정

우리 인간만이 가진 유일한 무기는 바로 '언어'예요. 언어를 통해 생각을 전달할 수 있죠. 물론 동물도 생각하겠지만, 깊은 사고는 하지 못하죠. 그 이유는 사실 뇌과학에 있는데요, 가설이기는 하지만 인간의 뇌는 점차 진화했다고 해요. 호흡, 심장 박동 등 아주 원초적인 생명 유지 기능을 하는 파충류의 뇌에서 감정을 느끼는 포유류의 뇌로, 그리고 이성적 사고할 수 있는 인간의 뇌로 점차 진화했다고 가정하죠.

하지만 가설이기에 재미로 보면 좋고요, 사실 뇌과학적으로 볼 때는 부위에 따라 이 세 가지 기능을 하는 것으로 이해하면 좋습니다. 특히 눈여겨볼 점은 우리가 인간으로서 사고하는 뇌를 계속 성장시키려 노력한다는 점입니다. 동물처럼 흥분을 가라앉히지 못하고 계속 감정적으로 행동하지 않지요. 그 이유는 대뇌(전두엽 부위)에 감정을 다스리는 장치가 있어서 그래요.

참고로 감정을 관장하는 부위는 중뇌의 편도체라는 곳이에요. 우리 인간은 계속 이 부위에 의해서 많은 영향을 받아요. 감정이 있는 동물이니까요. 그래서 부정적인 감정이 생기면 우리는 아무것도 못 하는 거예요. 감정에 지배되어 다른 걸 할 생각조차 못 하죠. 하지만 성숙한 사람은 감정 통제에 능해요. 앞에서 말한 전두엽이 발달해서 스스로 통제를 잘하거든요.

《청소년 감정코칭》이라는 책을 살펴보면, 전두엽이 제대로 발달하는 시기는 남녀가 조금 다르다고 해요. 여자는 평균 24세, 남자는 30세라고 합니다. 여자가 남자보다 정신 연령이 더 높다고 하는 이유도 여기에 있습니다. 아무래도 감정 통제를 더 잘할 수 있는 여자가 성숙한 사람이라고 보는 것이죠. 대뇌는 이렇게 감정 통제뿐만 아니라 이성적, 논리적, 추론적 사고 등을 할 수 있도록 돕습니다.

우리가 공부하는 과정에서는 당연히 사고의 과정이 수반되죠. 새로운 지식을 받아들이기 위해 이해하는 과정에서 사고력을 발휘해야 하니까요. 사용하면 할수록 발달하기에 공부하는 과정에서 우리 뇌는 더 발달합니다. 기존의 지식과 새로운 지식을 연결하는 과정에서 뇌 구조가 바뀌기도 하고요. 그런데 매일 공부하지 않고 자꾸만 뇌를 파괴하는 행동을 하면 뇌는 점점 망가지죠. 예를 들어, 책을 읽으며 생각하는 시간보다 영상만 보면 점점 뇌가 쪼그라든다는 의미예요.

참고로 뇌를 구성하는 신경세포(뉴런)는 성인이 되면 개수는 더 이상 늘지 않는다고 해요. 10대에는 폭발적으로 그 개수가 늘어나죠. 이 시기에 공부를 통해 지식과 정보를 머릿속에 넣어 두면 나중에 새롭게 지식을 넣기 위한 노력을 줄일 수 있죠. 대뇌가 이미 발달했고, 장기 기억도 많아서 새로운 지식을 습득하는 데 시간을 줄일 수 있거든요. 쉽게 말해 대뇌가 발달해서 큰 도움이 된다는 의미예요.

10대에 공부한 것은 평생 잊지 않는다는 말도 그래서 있는 게 아닐까 싶어요. 저도 개인적인 경험이지만, 가장 공부를 열심히 했던 중·고등학교 시기에 배운 내용을 아직도 기억하고 있거든요. 나중에 반복 학습을 많이 하지 않았어도 계속 기억하고 있는 게 신기해요. 공부에도 결정적 시기가 있다는 말이 이런 이유로 나오는 것 같아요. 시기를 놓치면 공부하기가 더 어려워지니까요. 나이를 먹으면 기억력이 많이 감퇴해서 어려운 점이 많아요.

그런데 독서를 많이 하고 생각을 깊게 하면 또 뇌가 바뀌는 경험을 하게 됩니다. 저는 최근에 이 부분에 대해서 현실적으로 경험하고 있거든요. 뇌는 쓰면 쓸수록 더 다듬어진다는 걸 알게 되었죠. 3년 동안 300권 가까이 책을 읽었는데, 그냥 단순히 책만 읽은 게 아니라 책 읽고, 깨달은 것을 기록하고, 계획을 세워서 제 삶 속에 변화가 일어나도록 실천했죠. 사실 학교 공부와 별반 다를 게 없습니다. 새로운 지식을 쌓고, 연결하고, 현실화하는 과정을 반복했으니까요.

저에게 어떤 변화가 일어났을까요? 글을 읽고 이해하는 과정을 반복하면서 '이해력'이 좋아졌습니다. 글을 빨리 읽고 핵심 내용을 파악하는 힘이 생겼죠. 그래서 업무를 할 때도 속도와 정확도, 두 마리 토끼 모두 잡게 되었어요. 나아가 제 생각을 논리적으로 표현하는 힘이 생겼습니다. 매일 읽고, 깊게 고민하고, 정리된 생각을 글로 풀어 쓰는 훈련을 3년째 하고 있거든요. 이 과정이 사실 공부하는 과정과 크게 다를 바 없어요. 여러분도 공부하면서 뇌가 발달하고, 덕분에 지적으로 감정적으로 모두 성장하고, 삶의 질이 달라지는 걸 느끼게 될 거예요.

'아는 것이 힘이다!' 라는 말이 그냥 나온 게 아니거든요. 아는 만큼 세상을 이해할 수 있기 때문이죠. 아는 만큼 보이기도 하고요. 길을 지나가다가 다양한 꽃을 발견했는데 만일 이름을 모르면 부를 수 없죠. 하지만 어떤 꽃인지 알면 부를 수 있죠. 세상에서 마주하는 모든 상황에서 이런 일은 계속 발생해요. 내가 아는 만큼 교류가 일어날 수 있기에 더 많이 알기 위해 노력해야 해요.

특히 나에게 충격적인 문제가 발생한다고 가정해 봐요. 그때 내가 아는 게 없으면 그 문제를 해결하기가 너무 힘들 거예요. 하지만 이미 관련 지식이나 정보를 갖추고 있으면 훨씬 수월하게 해결할 수 있죠. 물론 주변에 전문가가 있어서 도움을 받을 수 있다면 해결할 수 있겠지만, 어떤 방식으로든 대가가 있기 마련입니다. 혹은 도움받을 수 없는 상황에 놓일 수도 있고요.

그런 점에서 저는 여러분이 공부했으면 좋겠어요. 꼭 시험을 위한 공부가 아닌 나를 성장시키고, 뇌를 발달시키고, 삶에 변화를 일으키고, 자존감이 높아질 수 있는 공부를 하라는 말이에요. 남들보다 조금 더 잘할 수 있는 게 생기면 지금 말한 네 가지 모두 자연스럽게 생겨나거든요. 인간으로서 누릴 수 있는 대뇌의 발달은 곧 내 인생에 큰 영향을 줄 수 있다는 점을 명심하, 하루하루 무엇을 해야 할지 고민하고, 계획하고, 실천해 보시길 바랍니다.

차선책 혹은 넓은 길을 찾게 한다

혹시 경험이 얼마나 중요한지 아시나요? 우리는 이미 경험한 것은 너무 잘 아는 것처럼 느껴지고, 경험하지 못한 것에는 무지한 느낌이 듭니다. 그리고 안타깝게도 익숙한 것에 더 편안함을 느끼고, 그것만 보는 경향이 있습니다. 주변에 아무리 좋은 게 있어도 알지 못하니까 그냥 지나치는 것이죠. 혹은 두려운 마음에 시도조차 하지 않으려고 하죠. 실패할까 두려워서요.

그런데 너무 좁은 시야를 갖고 살다 보면, 실패할 확률이 더 커집니다. 한 가지만 바라보고 있으니 만일 그 일을 성공시키지 못하면 실패하는 거니까요. 제가 그랬어요. 저는 오직 명문대에 진학하는 게 성공이라 믿었고, 오직 유일한 길이라고 생각했거든요. 성적이 나오지 않고 명문대에 갈 수 없는 상황이 되자 저는 정말 실패했어요. 무엇을 해야 할지 전혀 감을 잡을 수 없었죠. 그냥 패배자로 살아가야 하는 상황이었어요. 20년 가까이 오직 대학 입시만 바라보며 살았기 때문이죠.

제 주변에는 대부분 대학 나와서 취업하는 사람들이 많았어요. 사업을 한다든지 새로운 도전을 한다든지 제가 아는 삶과 다른 삶을 사는 사람이 별로 없었어요. 사업을 해도 가업을 잇는 정도였지 스타트업이

나 새로운 분야에 도전하는 모습을 간접 경험이라도 전혀 할 수 없었죠. 게다가 부모님도 안정적인 직장이 중요하니까 명문대에 이어 대기업 취업이 아니면 공무원 시험을 준비했으면 하셨어요. 부모님도 비슷한 직업을 가지고 계셨으니 그것이 전부고 제일 안전하다고 생각하신 거죠.

요즘 학생들이 가장 희망하는 직업이 혹시 뭔지 아세요? 2022년 교육부와 한국직업능력연구원이 '2022년 초·중·고등학교 진로 교육 현황 조사' 결과를 발표했습니다. 다음장의 표는 전국 초·중·고등학교 1,200개교 학생, 학부모, 교원 총 37,448명을 대상으로, 256개 항목에 대해 답변한 조사 결과입니다.

초등학생은 1위 운동선수, 2위 교사, 3위 크리에이터, 4위 의사, 5위 경찰관/수사관입니다. 중학생은 1위 교사, 2위 의사, 3위 운동선수, 4위 경찰관/수사관, 5위 컴퓨터 공학자/소프트웨어 개발자입니다. 마지막으로 고등학생은 1위 교사, 2위 간호사, 3위 군인, 4위 경찰관/수사관, 5위 컴퓨터 공학자/소프트웨어 개발자입니다. 초등학교에서 고등학교로 넘어갈수록 더욱 안정성이 보장된 직업을 선호한다는 걸 알 수 있습니다. 물론 디지털 시대에 맞게 IT 분야도 선호하는 모습을 보이고요.

TOP 10 혹은 20으로 봤을 때는 수십 년간 부동으로 순위에 들어간 직업은 주로 안정적인 직업이거나 혹은 돈을 많이 벌 수 있는 전문직을 선호하는 경향을 볼 수 있어요. 자기가 정말 좋아하는 분야를 찾기보다 서로가 원하는 직업에만 몰두하는 것처럼 보입니다.

만일 내가 TOP 20에 해당하는 직업군에 들어가지 못한다면 어떻게 해야 할까요? 실패한 인생일까요? 아니오, 저 직업이 아니더라도 세상에는 정말 다양한 직업이 있고, 다양한 삶이 있답니다. 저도 대학 때까

학생의 희망 직업 - 상위 20개

구분	초등학생 직업명	비율	중학생 직업명	비율	고등학생 직업명	비율
1	운동선수	9.8	교사	11.2	교사	8.0
2	교사	6.5	의사	5.5	간호사	4.8
3	크리에이터	6.1	운동선수	4.6	군인	3.6
4	의사	6.0	경찰관/수사관	4.3	경찰관/수사관	3.3
5	경찰관/수사관	4.5	컴퓨터공학자/소프트웨어개발자	2.9	컴퓨터공학자/소프트웨어개발자	3.3
6	요리사/조리사	3.9	군인	2.7	뷰티디자이너	3.0
7	배우/모델	3.3	시각디자이너	2.6	의사	2.9
8	가수/성악가	3.0	요리사/조리사	2.6	경영자/CEO	2.5
9	법률전문가	2.8	뷰티디자이너	2.3	생명과학지 및 연구원	2.5
10	만화가/웹툰작가	2.8	공무원	2.3	요리사/조리사	2.4
11	제과제빵원	2.7	간호사	2.2	공무원	2.3
12	수의사	2.6	배우/모델	2.2	건축가/건축디자이너	1.6
13	프로게이머	2.4	약사	1.9	시각디자이너	1.6
14	작가	2.0	가수/성악가	1.8	보건의료분야 기술직	1.6
15	과학자	1.9	제과제빵원	1.7	배우/모델	1.6
16	시각디자이너	1.8	법률전문가	1.7	회사원	1.6
17	군인	1.8	크리에이터	1.6	감독/PD	1.5
18	컴퓨터공학자/소프트웨어개발자	1.7	회사원	1.6	약사	1.5
19	회사원	1.5	작가	1.6	광고마케팅 전문가	1.5
20	경영자/CEO	1.5	만화가/웹툰작가	1.6	컴퓨터 모바일 게임 개발자	1.4
	누계	68.5	누계	59.1	누계	52.6

지는 세상에 얼마나 다양한 직업군이 있는지 잘 몰랐어요. 그런데 군대에 가니까 전국 방방곡곡에서 다양한 사람들이 모이다 보니 개인마다 정말 다양한 삶을 사는구나 하고 느꼈답니다.

전혀 예상치 못한 직업으로, 소와 돼지 등 도축된 상품에 등급을 매기는 직업이 너무 신기했어요. 상품의 상태를 확인하며 몇 등급인지 판별하는 일이라고 해요. 우리가 한우를 고를 때 2+, 1+, 1등급, 2등급 이런 식으로 찍힌 걸 볼 수 있죠? 그걸 감별하는 직업이 당연히 있었던 것인데, 평소 주변에 그 일을 하는 사람이 없으니 전혀 알 수 없었던 것이죠.

이런 식으로 우리 일상에 깊숙이 들어와 있는 다양한 직업이 있는데도 우리는 전혀 인지하지 못하고 살아가는 날이 더 많아요. 그리고 요새는 'N잡러'라고 해서 한 가지 직업만 가지고 살지 않죠. 저만 해도 교사이자 작가, 그리고 크리에이터의 삶을 살고 있으니까요. 소셜 미디어를 통해 알게 된 한 사람은 직업이 무려 36개인 경우도 있었어요. 예전처럼 한 사람이 직업 하나만 가지고 사는 시대가 아니라는 걸 격세지감으로 느끼죠.

저는 온라인 소셜 미디어를 통해 다양한 사람들과 소통하면서 더욱 다양한 간접 경험을 하곤 해요. 어떤 사람은 작가이자 여행가로 정말 자유로운 삶을 살아요. 글을 연재해서 팔기도 하고, 여러 나라에 방문해서 다양한 사람들이 살아가는 모습을 담아 사람들과 공유하죠. 그런데 정말 행복해 보여요. 사진과 영상에서 입가에 미소가 걸린 모습을 보며 느낄 수 있어요.

이렇게 보니까 어떤 직업을 갖는 것보다 내가 얼마나 행복하게 살아가는 게 좋은지 고민하는 게 더 괜찮은 방법인 것 같아요. 직업은 얼마든지 바뀔 수 있지만 인생의 목표에 맞는 방향을 향해 나아간다면 흔들릴 리가 없죠. 내가 추구하는 가치는 계속 유지할 수 있으니까요. 그런 면에서 직업은 수단일 뿐, 더 중요한 건 어떤 삶을 살아갈지 고민하는 것이라는 생각이 들어요.

많은 지식인이 말했죠. 꿈은 '명사형'이 아니라 '동사형'이어야 한다고요. 명사형은 이루고 나면 끝이지만, 동사형은 우리가 계속해야 할 행동이에요. 예를 들어, 초·중·고등학교 모든 학교급에서 나온 '교사'를 희망한다고 말하면 명사형이죠. 교사가 되고 나서는 다음이 없어요. 하지만 '아이들에게 꿈과 희망을 준다'는 가치를 추구하면 교사가 되고 나서도 계속해서 다음 목표를 향해 정진할 수 있죠.

최근 한 기사에서 봤는데 직장인 80퍼센트가 직업을 바꾸고 싶어 한다고 해요. 한국인 80퍼센트는 자기 직업에 만족하지 못한다는 말이죠. 내가 만일 이 80퍼센트에 들어간다고 생각해 보세요. 어떤가요, 슬프죠? 그래서 우리는 끝없이 진로를 고민하고 부단히 갈고 닦아서 자기가 좋아하는 분야에서 어느 정도 전문가가 되기 위해 노력해야 해요. 10대에 다양한 직접 경험 혹은 책이나 수업 등을 통한 간접 경험을 하며 내가 가고자 하는 방향성을 설정해야 하는 거예요.

직업 말고, 세상에서 어떤 존재로 살아갈지 혹은 어떤 가치를 추구하며 살아갈지 고민하라는 의미예요. 만일 한 분야에 관심을 가지고 탐구하다가 맞지 않으면 또 다른 길을 탐험하고, 계속해서 내가 좋아하거나 잘할 수 있는 분야를 찾는 노력이 필요하다고 생각해요. 100세 시대에는 정년이 50대 혹은 60대에 끝나지 않기에 끝없이 진로 고민이 이뤄져야 한다고 생각해요. 그래야 더 넓은 길에서 우리 삶을 살아갈 수 있을 테니까요.

자존감이 있는 사람은
실패해도 괜찮아

혹시 자존감이라는 말을 들어 본 적 있나요? 자존심 아니고 자존감입니다. 자기 존중감을 줄여서 쓴 말인데요, 말 그대로 자기 자신을 존중하는 마음을 뜻합니다. 자존감이 높은 사람들은 자기를 있는 그대로 인정하기에 스스로 사랑하고 존중하게 되죠.

자존감과 자존심은 분명히 달라요. 자존감은 자부심이라고도 부르죠. 자부심의 정의는 '자기 자신 또는 자기와 관련 있는 것에 대하여 스스로 그 가치나 능력을 믿고 당당히 여기는 마음'입니다. 하지만 자존심은 타인에게 지기 싫어하고 이기는 것에 더 초점을 두고 있어요. 그래서 자존심은 타인으로부터 자신을 지키는 방패 역할을 하죠. 하지만 방패가 무너지면 모든 게 무너지죠. '쓸데없는 자존심만 부리다가 큰코다친다'는 말도 그래서 나온 것이랍니다.

그런데 왜 갑자기 자존감 이야기를 하냐고요? 평소 자기를 존중하는 태도를 기르기 위해서는 분명히 구분해야 하는 개념이 있기 때문이에요. 자존심과 자존감 개념을 오해하지 않아야만 올바르게 자존감을 기를 수 있기에 개념부터 정리한 것이랍니다. 이것 보세요. 비슷한 개념이지만, '아' 다르고, '어' 다르다는 사실을 알게 되었죠?

우리는 공부할 때 정확하게 개념을 구분하면서 해야 합니다. 그런 과정에서 개념에 대한 이해력을 기를 수 있고, 사리를 분별하는 능력도 동시에 기를 수 있죠. 정확한 개념 틀 안에서 해석할 수 있으니까요. 그러나 대충 공부하면 개념을 헷갈릴 수밖에 없고, 사리 분별 능력도 기를 수 없답니다. 문제가 발생했을 때 해결할 판단력도 부족하죠. 고로, 여기서도 공부해야 하는 이유를 찾을 수 있답니다.

무언가를 배울 때 정확히 알고 이론을 실제에 적용할 수 있을 때 우리는 자신감을 얻습니다. 내가 잘할 수 있을 거라는 감정을 기르게 되니까요. 그 자신감이 계속 모여 건강한 자존감을 형성시키죠. 다시 말해, 꼼꼼하게 공부하는 습관이 있으면 정확하게 공부하고 나아가 나의 자신감을 키워 결과적으로 자존감이 형성된다는 의미예요.

자신감이 있으면 어려운 일도 어렵게 느끼지 않고 꿋꿋하게 헤쳐 나갈 수 있죠. 한번 우리 삶을 되돌아보세요. 자신감 있게 행동할 때 더 잘할 수 있다는 걸 알 수 있죠? 공을 던지더라도 자신 있을 때와 없을 때 분명히 과정과 결과의 차이를 느낄 수 있을 거예요. 자신 있게 던진 공은 더 힘이 실리고 방향도 정확하죠. 하지만 반대의 경우에는 힘도 없고, 잘못된 방향으로 가기 일쑤죠. 다른 것도 마찬가지예요. 얼마나 자신 있게 하느냐에 따라 결과가 달라지죠. 이렇듯 자신 있게 하는 행동은 결과에 크게 영향을 끼친답니다.

또한 자신감이 붙으면 계속해서 과제에 성공할 확률이 높아집니다. 그러면 자연스럽게 자신을 믿게 되죠. 자신을 믿는 마음이 생기면, 자연스럽게 다음에 어떤 일을 마주하더라도 두려움이 없죠. 수많은 실패를 경험하게 될지라도 포기하지 않게 되고요. 한두 번 실패 정도는 아무것도 아니라고 생각하죠. 어차피 다음번에는 자신이 잘할 수 있을 거라는 믿음이 있으니까요.

　이런 상태라면 제가 처음에 말한 '자존감'이 이미 엄청나게 커진 거랍니다. 자신이 무얼 하든지 스스로 믿고 따르죠. 심지어 실수해도 실패해도 주눅들거나 하지 않습니다. 그것조차 자기 자신이라고 믿기 때문이죠. 이게 핵심입니다. 내가 잘하든 못하든 상관없이 자존감이 높은 사람은 자기를 사랑하기 때문이죠. 그래서 아무리 실패해도 꺾이지 않습니다. 갈대처럼 바람에 흔들리더라도 꺾이지 않는 것처럼 말이죠.

　공부뿐만 아니라 모든 게 그렇습니다. 내가 무언가를 제대로 해낼 수 있는 사람이 되면, 자신감이 붙어서 자존감으로 변신합니다. 이미 형성된 자존감은 계속해서 나를 지켜주죠. 남들의 평가에 다칠까 봐 소극적으로 방어하는 자존심과는 다르죠. 적극적으로 자신을 인정합니다. 남들의 어떤 평가에도 휘둘리지 않죠. 만일 이번에 못했으면 다음에 잘하면 되니까 괜찮습니다.

　학교에서 학생들을 지도하면서 다양한 사람을 만납니다. 그런데 자존감이 강한 친구들은 분명히 다른 점이 있더군요. 무엇을 하든 자신감 있는 태도를 보입니다. 실수하거나 실패해도 자신을 탓하지 않습니다. 그것조차 자신이 부족해서 그렇다는 걸 인정합니다. 부족한 자신조차 인정하고 사랑합니다. 대신 아쉬운 점에 대해서 객관적으로 문제를 분석하고 해결하려고 노력합니다. 다음에는 더 잘할 수 있을 거라고 생각하면서 말이죠.

　거꾸로 자존심만 센 사람은 이와 반대입니다. 거짓말을 해서라도 남에게 인정받으려 합니다. 실제로는 자기 실력이 충분하지 않은데도 뽐내려고만 하죠. 잘난척쟁이입니다. 심지어 실수하거나 실패하면 남의 탓을 하거나 혹은 운이 나빴다는 식으로 말합니다. 자기 노력과 상관없이 말이죠. 결국 자기를 있는 그대로 받아들이지 못하고, 여러 번의 실패로 남에게 좋은 평가를 받지 못할 것 같으면 숨어 버리거나 피합니다. 한 마디로 자존감이 전혀 없습니다. 다른 사람 때문에 피해를 봤다는 식의 피해 의식도 강하고요.

잘 살펴보면 알겠지만, 자존감이 낮고 자존심만 강한 사람은 무언가를 할 때 완성도 높게 하지 못합니다. 충분히 연구하거나 노력하지 않고 좋은 결과만 바라기 때문이죠. 남들만큼 한 후에 하는 노력이 진정한 노력입니다. 이런 사람은 남들보다가 아니라 남들만큼도 노력하지 않죠. 그 노력조차도 부끄럽다고 생각합니다. 그러니 나를 우선 인정하는 사람이 되어야 합니다. 그게 자존감이 있는 사람이 되기 위한 첫 번째 조건입니다.

여러분은 자존감이 높은 사람이 되고 싶나요? 혹은 자존심만 강한 사람이 되고 싶나요? 선택은 여러분 몫입니다. 다만, 자존감을 높이려면 우리가 조금 더 괜찮은 사람이 되기 위해 노력해야 합니다. 한 가지 방법으로는 꼼꼼하게 공부하는 것이죠. 하나를 배우더라도 낮은 수준에 이르는 게 아니라 어느 정도 수준에 오를 수 있도록 노력하라는 말입니다. 조금이라도 정확하게 알기 위해서죠. 어설프게 아는 것은 오히려 독이 될 수 있으니 조심하시길 바랍니다.

어려움을 버티는 힘을 기를 수 있지

혹시 수능 날까지 꾸준하게 공부하는 학생 비율이 얼마나 되는지 아세요? 제가 근무하는 학교는 공부를 잘하는 학생들이 모이는 특목고입니다. 그런데 이 학교에서도 수능 당일까지 공부하는 학생 비율이 10퍼센트 남짓입니다. 입시 전형 특성상 수능이 필요하지 않을 수 있지만, 그래도 생각보다 적은 인원이 끝까지 공부한다는 의미예요.

여기서 잠시 생각해 볼 부분이 있습니다. 전국에 고등학교 재학생 혹은 재수생(N수생) 수험생들이 대학 입시라는 목표로 얼마나 열심히 공부하는지 말이죠. 학생으로서 최선을 다해야 하는 일은 공부니까요. 서울대에 간 사람이 이렇게 말했다고 해요.

"노력이란 남들만큼 하는 노력이 아니에요. 진짜 노력은 남들이 하는 노력을 한 후에 하는 노력이랍니다."

남들만큼만 노력하면 서울대에 갈 수 없었겠죠. 남들이 하는 노력 다음으로 노력을 했기에 그런 결과가 나온 거고요. 게다가 자신이 생각해도 스스로 칭찬할 만큼 공부했다고 느끼면 정말 좋은 결과로 이어진다고 해요. 그런데 왜 스스로 칭찬할 수 있느냐? 어렵고 힘든 공부를 참고 견디며 끝까지 해낸 자신을 되돌아볼 수 있기 때문이에요. 객관적으로 누가 봐도 정말 고생한 자신을 발견하게 되거든요.

이렇게 하루하루 수험 생활이 끝날 때까지 버틴 학생은 자기도 모르게 버티는 힘으로 기르게 됩니다. 마치 근력 운동을 하면 근육이 생겨서 더 큰 힘으로 버틸 수 있는 것과 같은 원리죠. 책상 앞에 앉아 있는 힘을 기르죠. 나중에 비슷한 상황이 되었을 때도 앉아서 무언가를 하는 일은 해낼 수 있지요. 이미 힘들게 경험해 봤기에 다른 어려움이 있어도 성취 경험을 통해 충분히 이겨 낼 수 있거든요.

우리는 살면서 여러 문제에 맞닥뜨리게 됩니다. 풀기 쉬운 문제도 있고, 어려운 문제도 있고 다양한 문제가 섞여 있죠. 그런데 코어가 부족하면 어떤 문제도 풀 수 없죠. 공부에 있어서 엉덩이를 의자에 붙이는 것은 가장 기본 중 기본 행동이거든요. 우선 책상 앞에 앉아야만 책을 읽고 집중하게 되니까요. 공부의 첫 단추, 공부 체력을 길러야 한다는 의미입니다.

꼭 공부가 아니더라도 나중에 살면서 어떤 문제가 생겼을 때 끝까지 포기하지 않고 해결하려는 노력의 자세를 배울 수 있죠. 이미 공부를 통해서 여러 문제를 해결하기 위해 연구하고, 고민하고, 정답을 찾아내는 과정을 수없이 경험했으니까요. 가끔 유튜브 쇼츠나 인스타그램 릴스 같은 곳에서 김연아 선수가 훈련할 때 인터뷰한 영상이 뜹니다. 훈련하면서 무슨 생각을 하느냐고 묻는 영상이죠. 돌아오는 답변은 "무슨 생각을 해요"뿐입니다. 정상에 오른 사람들은 생각 없이 자기가 해야 할 일을 하거든요. 그래서 버티는 힘도 강하죠. 쓸데없는 생각을 하지 않으니까요.

혹시 '중꺾마'라는 말을 들어 본 적이 있나요? '중요한 것은 꺾이지 않는 마음'이라는 말의 줄임말이에요. 그런데 이걸 또 개그맨 박명수

씨가 바꿔서 표현했어요. '중요한 것은 꺾이더라도 그냥 하려는 마음'
으로 바꿔서 말이죠. 정말 맞는 말입니다. 우리는 공부를 하면서 혹은
인생을 살면서 다양한 이유로 좌절할 거예요. 그러니 꺾이지 않는 마음
도 중요하고, 꺾이더라도 그냥 앞으로 돌격하는 자세를 갖출 필요가 있
다고 생각합니다.

어린 시절
시행착오의 과정이 꼭 필요해

　우리는 공부하다가 문제 틀리는 걸 싫어하죠. 당연히 가위 표시보다 동그라미 표시가 더 좋습니다. 기분이 차이가 나니까요. 그런데 공부할 때는 오히려 아는 것보다 모르는 게 더 중요해요. 공부는 모르는 것을 알아 가는 과정이니까요. 한번 어린 시절을 떠올려 보세요. 우리가 처음부터 말을 잘할 수 있었나요? 아니죠. 발음도 엉망이고, 정확한 어휘도 쓰지 못하고 그랬죠. 처음부터 잘하는 사람은 아무도 없어요. 누구나 처음에는 서툴고 어려우니까요.

　혹시 타산지석(他山之石)이라는 말을 들어봤나요? 이 말을 풀이하면 '다른 산의 돌'이라는 뜻입니다. 다른 산에서는 거칠고 나쁜 돌이라도 숫돌로 쓰면 자기의 옥을 갈 수가 있다는 의미죠. 다시 말해, 다른 사람의 하찮은 언행이라도 자기의 지덕을 닦는 데 도움이 됨을 비유해 이르는 말이죠. 다른 사람의 실수를 보고 내 실수를 줄인다는 의미로도 쓰이고요.

　남의 실수도 고쳐서 쓰는데 왜 내가 한 실수는 고쳐 쓰지 못할까요? 그럴 이유는 없죠. 그리고 간접 경험보다는 직접 경험할 때 우리 몸은 더 잘 기억합니다. 기억은 항상 감정과 함께 따라오는 것이거든요. 내가 느끼는 감정의 정도에 따라 기억 정도도 달라질 수 있어요. 그런 면에서 공부하는 사람은 수없이 부딪치고 깨지는 과정을 겪기에 성장할 수 있답니다.

새로운 것을 배울 때는 항상 맞는 답만 할 수 없어요. 예를 들어, '감자'를 아는 한 아이가 땅에서 고구마를 봤을 때 잘 모르니까 '감자'라고 말할 수 있지요. 답은 틀렸지만, 일단 고구마를 캐서 집에 와서 씻어서 먹어 봅니다. 그런데 맛이 어떤가요? 감자랑은 조금 다르죠? 물론 모양도 색깔도 다르고요. 그런데 땅에서 나는 작물이라고 해서 '감자'로 착각하죠. 그렇게 고구마를 감자로 알고 지냅니다.

그러던 어느 날 할머니 댁에 놀러 갔는데, 고구마를 삶아서 주시는 거예요. 그래서 "감자 잘 먹겠습니다!"라고 외쳤는데, 할머니께서 이것은 감자가 아니라 고구마라고 말씀하시는 거예요. 이제야 '감자'가 아니라 '고구마'라는 걸 알게 되죠. 그런데 그동안 이미 눈으로 보고, 맛보고 했기에 고구마가 무엇인지 확실하게 인지할 수 있죠.

우리 삶은 이런 일의 무한 연속입니다. 기존에 알던 것에 새로운 것을 연결하다 보면 언제나 틀릴 수밖에 없거든요. 그런데 이 과정이 바로 '공부' 과정입니다. 인간은 '인식의 틀'이라는 걸 가지고 세상을 바라보거든요. 기존에 알고 있던 배경지식을 바탕으로 새로운 정보와 지식에 대입하기 때문이죠. 그 과정에서 공통점을 찾으며 유추하지만, 사실 알지 못하는 정보가 있으면 오류가 발생하죠.

다행히도 그 오류를 통해 다르다는 것을 알게 되고, 새로운 지식과 정보를 습득할 수 있습니다. 지금까지 살아오면서 그 과정이 있었기에 성장할 수 있었고요. 우리 인류의 문명 발달도 모두 그런 과정을 통해서 이뤄진 것이랍니다. 새로운 것이 나오면 좋은 점도 있지만, 오류나 아쉬운 점이 발견됩니다. 그러면 인간은 그 오류를 줄이거나 아쉬운 점을 없애 문제를 해결하고 다음 버전을 개발하죠.

우리가 공부하는 과정이 이렇기에 공부는 우리 삶에 크게 영향을 끼칩니다. 공부란 우리가 모르는 것을 채우는 노력의 과정이니까요. 꼭 시험공부가 아니어도 좋다고 했습니다. 우리가 직간접적으로 경험하는 모든 것을 내 것으로 남기기 위해 노력해 보길 바랍니다. 어린 시절부터 시행착오를 많이 겪을수록 더 많이 성장할 수 있다고 생각하면 좋겠습니다.

결과보다 과정을
중시하는 마음

대학만 들어가면
공부가 끝이라는 착각

우리가 살면서 착각하는 것 중 하나는 대학만 잘 들어가면 인생이 성공이라고 생각하는 점입니다. 물론 20세기에는 그 말이 틀리지 않았지요. 대학만 나와도 취업에 바로 성공할 수 있었으니까요. 그러나 지금은 어떤가요? 취업도 재수하고 삼수하는 세상이 되었습니다. 다들 눈이 많이 높아졌는데, 성공이라고 불리는 신의 직장들은 바늘구멍과 같으니까요. 공급보다 수요가 더 많으니까 치열해진 상황이죠. 명문대를 나와도 백수로 살아가는 현실이 되었다는 말입니다. 우리 삶의 목표가 '대학'이 되는 순간 이런 결과를 초래하죠.

인생을 길게 놓고 보면 대학은 4년에 불과합니다. 100세 시대라고 보면 내 인생의 고작 4퍼센트 비중밖에 차지하지 않죠. 물론 그 4퍼센트가 큰 영향을 끼칠 수는 있지만, 나머지 96퍼센트에 비하면 그리 큰 비율은 아니죠. 언제든지 다른 시간에 투자해서 더 좋은 인생을 만들 수도 있고요. 원하는 대학에 가지 못했다고 실패한 인생이 아니라는 의미입니다.

대학에 있어서 한국과 외국은 극명한 차이가 있어요. 한국은 대학에 들어가기가 정말 힘든데 그것에 비해서는 졸업하기가 쉽죠. 반면에 외국은 다양한 루트를 통해 대학에 들어갈 수 있는데 졸업하기가 만만하지 않죠. 더 깐깐하게 학생의 공부 상황을 점검하고 졸업 가능한지 평가하기 때문이죠. 우리는 스펙 쌓기에 더 열중하는 반면에 외국에서는 학문에 더 집중하는 모습을 보입니다.

다시 말하자면, 우리는 취업을 잘하기 위해 대학에서 공부합니다. 그런데 고등학교 3년 내내 치열하게 입시 공부하느라 지쳐서 대학에 입학해서는 고등학교 때 공부했던 만큼 공부하지 않는다고 해요. 실제 '대학에서 고등학교 때처럼 공부하면 장학금 받고 다닐 수 있다'는 말이 있어요.

그것도 그럴 것이 시험 기간을 제외하고는 정말 다양한 활동을 하며 대학 생활하는 경우가 많기 때문이에요. 물론 다양한 경험을 하는 것도 중요한데, 우리의 공부는 이미 고등학교 때 끝났다고 생각하는 게 아쉽다는 거예요. 대학을 나와도 사회에 나가면 도태되는 것도 대학 때 치열하게 공부하지 않아서라고 하죠. 이론과 실제는 정말 다르거든요.

한 영상에 로펌 회사 지원자의 인터뷰 장면이 나옵니다. 면접관은 "우리 회사는 하버드 출신만 뽑습니다" 말하죠. 그런데도 지원자는 당황하지 않고, 자신 있는 태도로 당당하게 말합니다. 비록 자신은 하버드 출신은 아니지만, 사법 고시에 합격했고 충분한 자격이 있다고 말이죠. 특히 면접관 책상 위에 있던 법전을 가리키며 아무 페이지나 펼쳐서 읽어 봐 달라고 부탁하죠.

면접관은 당당한 태도에 흥미를 느끼고 망신을 주려는 듯 법전 중간 아무 곳이나 펼쳐서 읽기 시작합니다. 그러자 세 번째 문장부터 지원자는 술술 외웁니다. 한 자도 틀리지 않고 말이죠. 꼭 하버드 출신이 아니어도 우수한 자기 역량을 보여 주는 대목이죠. 면접관은 미소 지으며 오히려 더 많은 돈을 제시하며 합격을 외치고 영상은 끝납니다.

이 영상을 통해 느끼는 점이 많아야 합니다. 명문대를 나온다고 해서 훌륭한 변호사가 무조건 될 것인지에 관한 질문에는 물음표가 생기니까요. 명문대를 나오지 못했더라도 더 열심히 공부한 사람과 명문대를 나와도 대충 공부한 사람은 또 격차가 벌어집니다. 대학에 들어가면서 공부를 다 했다고 생각하는 사람과 대학부터 시작이라고 생각하는 사람은 분명히 과정과 결과가 다를 테니까요.

이렇게 보면 우리는 항상 최선을 다해야 한다는 말이에요. 고등학교 때는 대학 입시라는 관문을 통과해야 하고, 대학교 때는 취업을 위해서 노력해야 하죠. 이러면 또 취업이 끝나면 공부가 끝난다고 오해할 수 있겠네요. 아쉽게도 취업 후에도 업무상 배워야 할 게 너무 많습니다. 결국 또 공부죠. 미안합니다. 우리 인생은 공부에 끝이 없답니다. 그래서 어린 시절부터 계속 공부하는 태도를 갖추도록 노력해야 한다고 강하게 말하는 것이지요.

모두가 1등급을 받을 필요는 없다네

우리가 학교에서 경험하는 등급은 1등급부터 9등급까지 있어요. 1등급은 4퍼센트, 2등급은 11퍼센트, 3등급은 23퍼센트, 4등급은 40퍼센트, 5등급은 60퍼센트, 6등급은 77퍼센트, 7등급은 89퍼센트, 8등급은 96퍼센트, 9등급은 100퍼센트죠. 100명을 기준으로 보면 이해하기 쉽습니다. '퍼센트'를 모두 '명'으로 바꾸면 되거든요.

어느 한 집단에 속하면 어쩔 수 없이 등급으로 평가를 받게 됩니다. 그런데 내가 그 집단에서 9등급을 받았다고 평생 9등급 인생일까요? 거꾸로, 1등급을 받았다고 해서 평생 1등급 인생을 살 수 있을까요? 아니오, 언제나 새로운 집단에 들어가면 내 등급이 바뀔 수 있어요. 그러니 현실에 충실해야죠. 언제나 내 등급이 바뀔 수 있겠다는 사실을 인정하면서 말이에요.

우리가 언제나 최선을 다해야 하는 이유가 여기에 있죠. 언제라도 나태해지면 내 삶은 나태해질 것이고, 결과적으로는 도태될 테니까요. 하지만 아무리 지옥 불에 떨어졌어도 정신 똑바로 차리고 어떻게든 벗어나려고 노력하면 또 살아집니다. 나중에는 지옥이 아니라 천국에서 살 수 있을지도 모르고요.

한 영화에서 이와 비슷한 내용을 다루었는데요, 아쉽게도 영화 제목이 생각이 안 나서 언급할 수는 없지만 너무 인상적이라 공유해 볼까 해요. 외계인의 침공으로 인해 사람들이 죽어 나가는데 착하게 살아온 사람들은 신의 구원을 받아 천국으로 순간 이동합니다. 한 사람이 끝까지 구원받지 못하고 있었는데 위기에 처한 다른 사람을 구한 동시에 하늘에서 빛이 내려와 천국으로 함께 이동하는 장면이 나오죠.

지금 우리가 사는 시대의 교육 시스템이 나에게 잘 맞지 않을 수 있어요. 심지어 객관식 시험인지 주관식 시험인지에 따라서도 개인 성향에 따라 최대 역량을 발휘하지 못할 수 있거든요. 누군가가 만든 시스템 틀에 나를 자꾸만 맞추려고 하니까 잘 맞지 않은 것이죠. 그러다 더 넓은 세상에 나갔을 때 나와 맞는 틀을 찾을지도 몰라요. 그런데 준비가 잘 안 되어 있으면 아무리 나와 맞는 틀을 만나도 채울 수 없으니까 소용없지요.

그래서 아무리 지금 틀이 나에게 맞지 않아도 최선을 다하라고 말하는 거랍니다. 비록 좋은 등급으로 평가받지 못해도 지금 하는 공부가 언젠가는 빛을 발할 수 있을 테니까요. 혹은 좋은 인성을 갖추고 있는 것만으로도, 영화에서 좋은 마음으로 다른 사람을 구해서 구원받는 것처럼 우리에게 기회가 올지도 모르죠.

그런데 세상은 조금 냉정합니다. 능력은 없는데 착하기만 하면 한 번 정도의 기회는 줄 수 있지만, 그 이상의 기회는 오지 않거든요. 결국 비즈니스 세상에서는 인성도 좋고, 능력도 좋아야 인정받을 수 있죠. 다만 대학교 성적이 최악이어도 실력이 있으면 뽑힐 수 있고, 대학 간판이 별로여도 능력이 된다면 합격할 수도 있습니다. 물론 한국에서는 쉽지 않을 수 있지만, 노력조차 안 하면 기회는 오지 않겠죠.

사실 저는 이 경험을 여러 번 했어요. 명문고를 나왔는데 왜 명문대를 나오지 못하고 수도권 대학을 나왔느냐 하는 가슴 아픈 질문을 받곤 하죠. 그런데 열심히 살아서 취업할 수 있었고, 그곳에서 업무적인 부분에서 성장하는 동시에 자기 계발을 열심히 했더니 다양한 역량이 올라갔죠. 능력이 생기니까 기회가 왔을 때 잡을 수도 있었고요.

하지만 또 소셜 미디어를 통한 브랜딩과 크리에이터의 길에 들어서면서 처참하게 깨졌죠. 학교 안에서는 일 잘하는 능력자로 인정받을지 몰라도 소셜 미디어 세상에서는 팔로워가 고작 1천 명도 안 되는 크리에이터였으니까요. 1만 명 혹은 10만 명 팔로워의 사랑을 받으며 앞서가는 선구자 크리에이터가 보기에는 많이 부족해 보였나 봅니다. 제가 올리는 칼럼 피드나 영상을 보면서 많은 조언을 해 주더라고요. 그럴 때마다 얼굴이 붉어질 정도로 부끄럽기도 한데, 그래도 그들과 같이 크게 성장하기 위한 과정이라 생각하며 좋은 마음으로 조언을 받고 배우며 노력하죠.

만일 결과가 좋지 않다고 무너지고 포기한다면 아마도 그들처럼 크게 성장하지 못할 거예요. 그러나 다행히도 제 인성과 사람 됨됨이를 좋게 보고, 주변에서 부족한 저를 많이 도와주려고 합니다. 참으로 감사한 일이죠. '개구리 올챙이 적 생각 못 한다'는 말이 있죠? 분명한 건 개구리도 과거에는 올챙이였다는 거예요. 저는 지금 제가 올챙이라는 걸 확실히 인정합니다.

이 과정이 없으면 개구리도 없다는 걸 알죠. 그러니 아무리 힘들어도 지금 과정을 인정할 수 있어야 합니다. 멈추면 개구리로 살 수 없다는 점을 잊지 않기로 해요. 지금은 비록 9등급 올챙이일지라도 나중에는 1등급 개구리가 될지 아무도 모를 일이니까요. 저도 제가 1천 명이 1만 명이 될 줄은 몰랐어요. 꾸준하게 노력하니까 결국 그 지점에 이르게 되더라고요. 공부든 뭐든 좋습니다. 과정이 충실하면 분명한 결과로 이어지니까요.

하나만 알아도 칭찬받는 아이
vs. 하나만 틀려도 혼나는 아이

혹시 기대 심리라는 말 들어 본 적 있나요? 원래 잘하던 아이에게는 엄청나게 기대하고, 원래 못하던 아이에게는 그다지 기대하지 않는 경우로 설명할 수 있을 것 같아요. 사실 저는 어릴 때 영재여서 부모님 기대가 컸어요. 조상 중에 천재였던 사람이 있었는데 단명하지 않았으면 아마 저도 영재 교육을 받았을지도 몰라요. 그런데 그런 사례가 있어서 할아버지께서 극구 반대하셨죠.

덕분에 저는 초등학교 때까지 신나게 놀았어요. 학교 시험 성적이 별로 중요하지 않았으니까요. 그런데도 저는 받아쓰기도 항상 100점, 학교에서 보는 시험도 잘 보는 편이었죠. 집에서 푸는 문제집도 동그라미밖에 없어서 부모님이 처음에 채점할 때는 신났지만, 나중에는 별로 흥미를 느끼지 못했다고 해요. 그러다 중학교 첫 시험에서 반에서 10등 정도 했던 것 같은데 엄청나게 혼났죠.

부모님은 제가 그렇게까지 성적이 안 나올 줄 몰랐다고 했어요. 특히 아버지께서 실망이 크신지 제게 입에 담을 수 없을 만큼 심한 말을 퍼부으셨죠. 100점이 아니고 90점 받았다고 혼나지는 않았으니 다행이지만, 아무튼 그때가 제게는 인생 첫 번째로 충격적인 날이었답니다. 정말 죽어야 하나 싶었거든요.

반면에 제 동생은 뭐든지 느렸습니다. 심지어 초등학교 때 받아쓰기를 하면 항상 10점 아니면 20점이었어요. 그러다 우연히 50점을 받아 오면 부모님은 소리치며 동생에게 박수 쳐 주었죠. 저는 항상 우등생인 반면에 동생은 그렇게 항상 걱정되는 막내로 컸습니다. 동생은 조금 느렸지만, 천천히 자기 속도에 맞게 성장해 나갔어요. 부모님의 칭찬을 발판 삼아 말이죠.

중학교 때 성적이 점점 오르더니 졸업할 때는 우등상을 받더라고요. 그리고 고등학교에 가서도 반에서 1등을 한 번 합니다. 집에서는 난리가 났죠. 항상 뒤처지지 않을까 노심초사했던 부모님은 막내가 서서히 역량을 드러내자 기대하기 시작했답니다. 명문대를 진학한 건 아니지만 그래도 서울 소재 대학에 입학했고, 자기 전공을 찾아 지금은 인정받으며 살아가고 있답니다. 실제 업무 처리도 매우 세심하고 꼼꼼해서 능력도 우수하다고 평가받고요.

다시 제 이야기로 돌아오면, 중학교 때 다행히 꾸준히 성적이 향상했습니다. 덕분에 비평준화 지역 명문고에 진학하게 되었죠. 하지만 그곳에서 공부 괴물 친구들을 만나 좌절했고, 나락의 길을 걷게 됩니다. 명문대가 아니라 대학이나 갈 수 있을까 하는 점수를 받을 정도로 삶을 포기했죠. 부모님도 그 정도 상황이 되니까 그제야 제가 평범한 사람이라는 걸 이해하기 시작했어요.

저는 그렇게 생각해요. 사람마다 걷는 속도가 다르다고 말이죠. 비록 지금은 천천히 걷더라도 자기 속도대로 계속 걸으면 언젠가는 결승점에 도달할 수 있죠. 하지만 남들이 빨리 달려간다고 상대적 박탈감에 좌절하고 멈춰 서면 결승점 근처도 갈 수 없답니다. 그리고 우리가 도착하려는 결승점은 사람마다 다를 수 있다는 점도 알았으면 해요. 꼭 명문대가 종착역일 필요는 없는 거잖아요.

　내가 좋아하는 일을 찾거나 혹은 잘할 수 있는 일을 찾는 과정이 필요해요. 그러면 내 속도대로 내가 가고 싶은 길을 향해 걸어가게 될 거예요. 결론은 당연히 해피 엔딩이죠. 나에게 맞는 옷을 입고, 나에게 필요한 도구를 들고, 내게 주어진 미션을 잘 해낼 수 있을 테니까요. 그러니 걱정하지 마세요. 우리는 담담하게 우리의 길을 걸어가면 됩니다. 비록 지금 내가 좀 뒤처졌더라도 그 생각에 매이지 않고 말이죠.

처음부터 다 잘하는 사람은 없어

우리가 무언가를 배울 때 처음부터 잘했나요? 한번 생각해 보세요. 자전거를 배울 때 처음부터 두 손 놓고 자전거를 탈 수 있었나요? 손을 놓기는커녕 두 발 달린 자전거가 아니라 보조 바퀴가 달린 네발자전거부터 시작했죠. 심지어 페달을 밟을 힘이 부족하고 어색해서 뒤에서 누군가 밀어 줘야만 앞으로 갈 수 있었죠.

하지만 매일 자전거를 타면, 균형 잡는 게 점점 익숙해져서 보조 바퀴를 조금 공중에 띄워 놓고 타기 시작하죠. 그러다 보조 바퀴의 필요성을 느끼지 못하면 떼어 버리고 처음으로 두 발이 된 자전거를 경험합니다. 그동안 잘 탔지만, 또 두려움 때문에 자꾸 넘어지죠. 왜냐하면 이 또한 처음이니까요. 하지만 곧 누가 잡아 주지 않아도 혼자서 씽씽 자전거를 타고 달리죠.

공부도 마찬가지예요. 처음부터 누가 글자를 읽을 수 있겠어요. 처음에는 한글조차 몰라서 헤맬 거예요. 그런데 자꾸 한글을 보게 되고, 누군가 글자를 자주 읽어 주니까 익숙해지죠. 그러다 우연히 글자 원리를 깨닫게 되면 글자를 읽게 됩니다. 처음에는 단어로, 나중에는 문장으로, 결국엔 글을 읽게 되죠. 그렇게 모두 단계별로 성장하여 최종 단계에 이르게 되죠. 하지만 다 처음이 있고, 중간 과정이 있었기에 올라갈 수 있는 것이랍니다.

사실 두 사례 모두 우리의 경험이지만, 저는 제 아이가 최근에 둘 다 해낸 일이기에 더 생생하게 과정을 지켜볼 수 있었어요. 특히 어젯밤에 첫째 아이가 종이를 들고 와서 글을 읽을 때 저는 소름이 돋았어요. 올해 7살인 이 아이는 제대로 한글 수업을 받거나 한 적이 없거든요. 대신 소리를 계속 들었죠. 미디어를 통한 영상이든 엄마, 아빠가 읽어 주는 책이든 계속 소리를 통해 듣기만 했죠. 글을 읽을 기회는 없었어요.

그런데 생각해 보니까 한 가지 활동은 했네요. 가족들과 친구들 이름을 연필로 적고 싶어 해서 알려 주었고, 물품에 적힌 글자를 읽고 싶어 할 때 가르쳐 주었어요. 그 외에 한글 자음이 어떻고 모음이 어떻다고 한 번도 알려 준 적이 없답니다. 그런 상황에서 갑자기 이렇게 생각지도 못한 글자를 읽으니 얼마나 기특하던지요.

물론 이런 결과가 있었던 이유는 그동안 다양한 글자를 경험했기 때문이라고 생각해요. 한글을 늘 접하면서 단어를 읽는 단계로 넘어온 것이죠. 아직 학교에 들어가기 전에 1년 가까이 시간이 있으니 이제는 한글 교육을 시작해도 될 것 같다는 생각이 드네요. 아마도 내년에는 글자를 척척 읽어 내겠죠? 생각만 해도 설레네요.

단, 조건이 하나 있습니다. 여기서 멈추지 않고 계속 꾸준히 관심을 가져야 한다는 점이에요. 조금 잘하게 되었다고 멈추면 사라지거든요. 영어 거부감이 있었던 첫째 때문에 둘째는 정말 아기 때부터 영어 노출을 시켰어요. 그래서 우리 말보다 영어로 먼저 '색깔'을 말했죠. 그런데 어느 순간부터 첫째 따라서 한국어 영상을 많이 보더니 영어를 까맣게 잊더군요. 역시 중간에 멈추면 말짱 도루묵입니다.

혹시 영어가 어렵나요? 아니면 수학이 어렵나요? 그렇다면 아마도 중간에 어렵고 힘들다고 멈췄기 때문일 거예요. 비록 처음에 어렵더라도 계속했으면 최고는 되지 못해도 못하는 사람은 안 되었을 거예요. 아직 늦지 않았어요. 지금이라도 관심 있는 분야가 있다면, 처음에는 어려워도 계속해 보세요. 그 꾸준한 과정이 있어야 결과로 이어진다는 걸 잊지 말고요!

끝으로 희망적인 이야기가 있어요. 만일 다른 친구들보다 일찍 배우지 못했다고 해도 걱정하지 마세요. 나중에 배우면 어릴 때 배우는 것보다 더 빠르게 배울 수 있거든요. 이미 다른 경험을 많이 하면서 기본 역량을 길렀기에 더 속도를 올릴 수 있답니다. 하지만 성인이 되고 너무 늦은 나이가 되면 힘들 수 있어요. 10대 때보다 기억력도 떨어지고, 체력도 약해서 새로운 걸 배우기가 힘들거든요. 그러니 매우 좋은 시기를 아깝지 않게 보내도록 노력해 보세요.

Part 3

이토록 공부가
재미있어지는 순간

1

지피지기면
백전백승

분명한 꿈과 목표를 설정하라

초등학교 때 꿈을 물어보면, 대통령부터 시작해서 다양한 전문직 직업을 말하곤 하죠. 하지만 중학교 올라가서 조금 현실의 벽을 느끼고, 고등학교에 가서 실제 대학 입시를 준비하면 막막해집니다. 대통령이라는 순수했던 꿈은 사라지고 현실적인 대안을 찾기 위해 부단히 노력하죠. 하지만 내가 추구하는 이상과 달리 내가 받은 성적을 보며 괴리감을 느낍니다.

특목고라고 불리는 학교에서도 이런 일이 비일비재합니다. 모두 명문대를 목표로 들어왔지만, 상위 20퍼센트만 가능한 일이죠. 만일 중간 정도 성적을 받는다고 가정하면 자기 목표와는 완전히 다른 상황이 펼쳐지죠. 여기서 문제는 모두의 목표가 명문대이기 때문이에요. 그런데 꿈이 명문대 혹은 직업이 아니라면 어떨까요?

현실적으로 직업을 먼저 생각해도 좋습니다. 다만 그 일을 통해 어떤 가치를 추구할지 고민해야 해요. 그래야 직업이 끝이 아니라 내가 가치 있는 인생을 살아가기 위한 하나의 수단이 될 수 있거든요. 수단과 목표는 분명한 차이가 있습니다. 수단은 도구이기에 언제든 더 좋은 것으로 바꿀 수 있죠. 하지만 목표는 중간에 자꾸만 바꾸면 열심히 달리다가 목적지를 바꿔야 하니 돌아가게 되죠. 돌아서라도 가게 되면 다행이지만 중간에 방황하면 목표에 도달할 수 없답니다.

안타깝게도 현실과 타협하며 살아가는 사람이 꽤 많다는 거예요. 내가 좋아하는 분야가 아닌데 어쩌다 보니까 그 길로 가게 되었고, 좋아하지 않아도 돈을 벌기 위해 그냥 회사에 다니죠. 가족까지 생기면 책임져야 하는 상황이 오니까 싫어도 그냥 버티고 또 버티며 살죠. 과연 그런 삶이 행복할까요?

아무 생각 없이 주어진 삶을 따르는 사람이면 다행이에요. 별 상관없거든요. 그냥 살아가니까요. 그런데 생각이 많다면 상황이 달라집니다. 스스로 지금 순간이 과연 행복한지 계속 묻거든요. 한편으로는 불만족한 상황이라고 느끼고 불행감을 느끼기도 하죠. 인생이 참 재미없죠. 마치 학창 시절 하기 싫은 공부를 하는 것처럼 말이에요.

그런데 내가 하고 싶은 게 있으면 상황이 역전됩니다. 비록 지금 내가 능력이 없어도 가야 할 방향을 알기에 남들보다 더 많이 노력합니다. 자기가 부족한 점도 알고, 무엇을 채워야 할지도 다 분석해서 알고 있습니다. 그런 탐구하는 시간조차 즐겁거든요. 다른 이유는 없습니다. 내가 해야 할 일이 아니라 하고 싶어서 하는 거니까요.

단순히 시험 점수를 위해서 하는 공부는 재미없습니다. 그런데 내가 꿈꾸는 삶을 이루기 위해서 하는 공부는 즐겁고 신납니다. 아무리 힘들어도 버틸 수 있고요. 왜냐하면 언젠가 이루는 그날이 올 때까지 내가 해야 하는 일이니까요. 하고 싶은 일을 위해서 해야 할 일이 생긴 거니까 기꺼이 할 수 있는 겁니다. 그게 가장 큰 차이예요. 남이 원하는 일을 해야 하는 게 아니라, 내가 주체가 되어 하고 싶은 거니까요.

그러면 여러분은 지금부터 무엇을 해야 할까요? 경험하는 모든 것에 최선을 다해서 내가 좋아하는 일이 무엇인지 혹은 내가 잘할 수 있는 일이 무엇인지 찾아내는 거예요. 물론 고등학교 졸업할 때까지 답을 찾지 못할 수도 있어요. 그래도 그때는 그게 최선이라는 생각이 들도록 계속 탐색해야 해요. 20대에 최선이었다고 생각하던 일도 나중에 10년, 20년이 지나면 또 후회할 수 있거든요.

그리고 나중에서야 정말 좋아하는 일을 찾게 될 수도 있어요. 그동안 내가 경험한 모든 것이 연결되어 만들어진 새로운 일인 거예요. 물론 새로운 일이지만, 이미 내가 좋아하고 잘할 수 있는 일인 것이죠. 타고난 능력 즉, 적성일 수도 있어요. 그동안 경험하지 못해서 몰랐던 것이지 막상 경험하면서 느끼거든요. 왠지 이 길이 내 길인 것 같다는 느낌 말이죠.

손재주가 좋았던 제 어머니는 50살이 되어서야 진로를 찾았어요. 그동안 했던 서예, 조각 등 예술 작품을 만드는 일을 통해 예술 분야에 관심 가지게 되었고, 서양화를 배우는 중에 영감이 온 거죠. 남은 내 인생은 이 분야에 투자하고 싶다는 생각 말이에요. 저는 10년 빠른 40살에 제 적성을 찾았어요. 사실 그동안 저는 교사가 저에게 가장 잘 맞는 최고의 진로라고 생각했어요. 하지만, 책 읽고 글쓰는 작가의 길에 들어오면서 유레카를 외쳤죠. 정말 재미있다! 내가 좋아하면서 동시에 잘할 수 있는 분야라고 느꼈기 때문이에요.

10대에는 진로를 찾을 수 없었고, 20대에도 그나마 내가 추구하는 가치를 실현하기 위해 교사라는 길을 향했어요. 결국 노력한 끝에 교사가 되었고, 10년 넘게 교사로 지내 왔는데 갑자기 새로운 길이 열린 거죠. 그리고 그 길은 남은 내 생을 다 바칠 수 있을 만큼 설레는 일이었고요. 여러분은 어떤가요? 아직 진로를 못 정했다고 속상한가요? 아직 늦지 않았어요. 40살, 50살 혹은 60살이 넘어서 갑자기 운명처럼 진로를 정할 수 있을지도 모르니까요.

단, 공통점이 있어요. 자기가 그나마 관심 있는 분야를 찾아서 두드리고 더 잘하려고 매일 꾸준하게 그 분야에 시간을 투자했다는 거예요. 저희 어머니는 현재까지 15년간 하루도 빠짐없이 매일 3시간 이상 그림을 그리십니다. 저는 이제 고작 2~3년이지만 매일 3시간씩 글을 쓰고 있고요. 그런데 매일 그렇게 하니까 2~3년 안에 원고를 10권 넘게 썼어요. 당연히 실력도 처음보다 많이 늘었고요. 속도도 빠르면서 동시에 질적으로도 많이 올라갔죠.

저는 이제 그저 작가가 꿈이 아니라, 사람들에게 희망의 메시지를 전하는 작가가 되고 싶답니다. 단순히 지식과 정보를 전하는 게 아니라 메시지를 전하고 싶어요. 처음에 작가가 되기 전까지는 책 한 권만 냈으면 좋겠다는 바람이었지만, 막상 또 이렇게 수준이 올라오니까 다음 목표가 생기더라고요. 아마 나 자신을 돌아보며 내가 무엇을 더 할 수 있는지 깨달았기에 가능한 일이라 생각해요.

늦지 않았으니 지금부터라도 계속 나를 탐색해 보길 바랍니다. 물론 동시에 노력도 하면서 말이죠. 그러면 내가 무엇을 하고 싶은지 깨닫게 될 거예요. 단계별로 다른 구체적인 목표도 생길 거고요. 저도 처음엔 1권, 그다음엔 3권, 그리곤 10권을 목표로 했더니 지금 상황이 된 거거든요. 그리고 이제는 양보다 질적인 부분에 더 신경을 쓰고자 합니다. 남들이 인생 변화를 위해 책을 읽는다는 사실을 알게 되어 독서부터 시작한 것이 지금의 저를 만든 거랍니다. 이렇듯 처음은 미약하지만 끝은 창대해질 수 있다는 점을 잊지 않았으면 해요.

나의 성향 제대로 파악하기

제가 어린 시절에는 혈액형이 유행했습니다. A, B, O, AB 4개 혈액형 별로 어떤 성격인지 분석했죠. 그런데 요새는 MBTI라는 게 유행하더 군요. 16개의 성격으로 분류하는데, 다행히 4개보다는 정확도가 더 생 겼네요. 하지만 전 세계 80억 명 성격이 이렇게 단순히 16개로 나뉠 수 있을까요? 아니죠, 그럴 순 없죠. 오히려 단 한 명도 똑같은 성격이 될 수 없을 거예요. 실제 그렇고요.

교육학자 하워드 가드너 교수가 제안한 '다중 지능 이론'이 있습니 다. 지능을 8개로 분류하고 개인마다 더 우수한 지능을 가지고 있다고 말하죠. 태어날 때부터 가지고 태어나는 특성이라고도 하고요. 그런데 최근 연구에서는 하나를 더했어요. 그래서 총 9가지 지능으로 분류합 니다.

1. 언어 지능
- 말이나 글을 사용하고 표현하는 능력

2. 논리 수학 지능
- 숫자나 기호, 상징 체계 등을 습득하고 논리적, 수학적으로 사고하는 능력

3. 공간 지능

- 공간과 관련된 상징을 습득하는 능력

4. 음악 지능

- 음악적 요소 및 다양한 소리를 파악하고 표현하는 능력

5. 신체 협응 지능

- 목적에 맞게 신체의 다양한 부분을 움직이고 통제하는 능력

6. 인간 친화 지능

- 타인의 기분, 감정 등을 파악하여 적절히 반응하고 교류 및 공감하는 능력

7. 자기 성찰 지능

- 자신의 성격, 성향, 신념 등에 대해서 성찰하고, 내적 문제들을 해결하는 능력

8. 자연 친화 지능

- 자연을 분석하고 상호 작용하는 능력

9. 실존적 지능

- 인간의 본성, 삶과 죽음과 같은 실존적 문제들에 대해 고민하고 사고하는 능력

사실 딱 잘라서 9개 지능만 있다고 볼 수는 없습니다. 여러 분야에서 뛰어난 적성을 보일 수도 있고요. 그래도 자기가 어떤 방식으로 학습을 하면 좋을지 고민하는 데 도움이 될 수 있죠. 음악적 재능이 있다면 관련한 방식으로 새로운 지식을 습득하면 더 유리하니까요. 신체적 지능이 있다면 활동적으로 받아들이면 더 효과가 있을 거고요.

혈액형이든 MBTI든 다중 지능 이론이든 뭐든 상관없습니다. 중요한 것은 내가 어떤 일을 더 좋아하고, 어떤 일을 더 잘할 수 있는지 찾는 게 우선이죠. 추가로 내가 어떤 일을 할 때 집중하고 몰입하는지도 살펴봐야 합니다. 좋아하거나 잘할 수 있는 일일 때 그런 성향을 보이거든요.

저에게 종일 책 읽고 글을 쓰라고 하면 할 수 있습니다. 저는 이게 좋아하는 일이고, 덕분에 잘할 수 있는 일이거든요. 그래서 몰입할 수 있죠.

여러분도 우선 내가 어떤 성향을 보이는지 살펴야 합니다. 그래야 꾸준하게 할 수 있는 분야를 찾죠. 제 첫째 아이만 봐도 관심도에 따라 몰입도가 분명히 차이가 납니다. 만일 음악적 재능과 미술적 재능을 비교한다면, 딱 봐도 미술적 재능이 더 크다는 걸 알 수 있지요. 피아노를 칠 때는 흥미로워하지만, 그리 오래 집중하지 못합니다. 때론 힘들어하고요. 하지만 그림을 그리거나 점토로 모양을 만들 때는 힘든 기색이 전혀 없습니다. 결과물도 우수합니다. 나이에 비해 색감도 좋고, 균형 있게 점토 인형을 만드니까요.

나중에 본격적으로 국어, 영어, 수학을 공부하게 되었을 때도 분명히 어느 과목을 더 좋아하는지, 잘할 수 있는지 확인할 수 있을 것 같습니다. 여러분도 한번 곰곰이 생각해 보세요. 분명히 더 잘하는 과목이 있고, 힘들고 어려운 과목이 있을 거예요. 그러면 자기가 잘하는 과목이 가진 특성을 살려서 다른 과목을 공부할 때도 이용하는 겁니다.

예를 들어, 그림을 잘 그리고 시각적인 게 더 효과가 있다면 내용을 요약할 때 도표, 그림 등을 더 많이 사용하면 효과적이죠. 만일 음악적인 재능이 크다면 내가 이해하고 암기해야 할 내용을 노래로 만들어서 외우면 좋겠죠. 수학적인 재능이 크다면 사회나 과학 과목도 공식화하여 외우는 방법도 좋은 방법이고요. 이렇듯 자기가 가진 특성을 잘 살려서 공부하면 다른 어려운 과목도 도전해 볼 수 있거든요.

실제 우등생들도 자기가 잘하는 과목과 못하는 과목이 나뉜다고 해요. 그런데 부족한 과목은 자기가 잘할 수 있는 모든 방법을 동원해서 어떻게든 장벽을 낮추려 노력하죠. 그것이 바로 비결이었답니다. 내가 가진 가장 강한 무기를 이용해서 다른 공부를 잡아내는 전략이죠. 다행인 건 타고나지 않아도 훈련을 통해서 무기를 만들 수 있다는 점이에요. 남들보다 더 시간을 투자해야 하는 부담은 있지만, 어쨌든 노력하면 보완할 수 있죠.

　그러니 지금 공부가 어렵다고, 절대 고민하지 마세요. 잘할 수 있는 것을 최대한 살려서 이용하면 되니까요. 그리고 잘 안 되는 건 시간을 더 투자해서 보완하면 되니까요. 만일 모든 공부가 어렵다면, 그래도 그 중에 하나 정도는 내가 조금이라도 잘할 수 있을 테니 꼭 찾아야만 해요! 그러면 제가 공유한 방식이 통할 테니까요.

현재 내 수준을 정확히 알아야

우리가 공부할 때 가장 많이 실수하는 부분이 있습니다. 그것은 내 수준에 맞지 않는 공부를 하는 것이죠. 학교에서 혹은 학원에서 진도를 나가니까 내 능력과 상관없이 그냥 따라가는 거예요. 그래서 문제가 발생하죠. 아직 초등학교 단계의 수학 실력이 부족한데 중학교 수준으로 공부하고 있으니까요. 이럴 땐 어떻게 해야 하는 걸까요? 당연히 다시 단계를 낮춰서 나에게 맞는 공부를 하는 게 정답이랍니다.

하지만 그렇게 못하죠. 쓸데없는 자존심이 발동합니다. 내가 중학생인데 왜 초등학교 수학을 공부해야 하는지 이해하지 못하고요. 심지어 고등학생인데 초등학교 수학부터 하라고 하면 난리가 납니다. 영어도 마찬가지고요. 그런데 만일 우리가 공부에 뒤처진 상황이라면 그 자존심을 버려야 잘할 수 있어요. 평생 수영도 못하면서 깊은 물에 빠진 상태로 살고 싶지 않다면 다시 얕은 물에서 물과 친해지고, 발차기를 배우고, 숨쉬기를 배우고, 손동작을 배우며 한 단계씩 앞으로 나아가야 합니다.

자기 위치를 정확히 파악하는 걸 우리는 '자기 객관화'라고 부릅니다. 자기를 객관적으로 볼 수 있어야 한다는 말이죠. 그때 필요한 게 또

'메타 인지'입니다. 메타 인지는 내가 아는지 모르는지 확인하는 능력이죠. 다시 말해, 내 수준이 어느 정도인지 정확히 파악하고, 모르는 것을 찾아서 메워야 한다는 말입니다. 진도를 빨리 빼는 게 중요하지 않다는 의미기도 하죠.

우등생 사이에서도 가장 큰 차이를 보이는 게 바로 이 '메타 인지'예요. 사람마다 역량이 천차만별이거든요. 메타 인지를 잘 활용해서 자신을 철저하게 관리하는 사람이 있는 반면에 그렇지 않은 경우가 있고, 게다가 정도의 차이도 있어요. 공부도 좋지만, 살면서 무엇을 하든지 그리스 철학자 소크라테스가 말한 것처럼 우리 자신에 대해 잘 알고 분수에 맞게 살아야 한답니다. 그게 지혜롭게 살아가는 방법이니까요.

여러분의 현재 상황은 어떤가요? 내가 다니고 있는 학교, 학년 수준에 비해 혹시 내 역량이 부족하지는 않나요? 혹시라도 내가 듣는 수업이 이해하기 힘들다면 다시 점검해 봐야 합니다. 그동안 배운 내용을 내가 다 이해하지 못한 것은 아닌지 말이죠. 혹은 하루를 보낼 때도 이런 과정을 거쳐야 합니다. 다음 날 계획을 세우고, 실천하고, 실천 여부 확인하고, 반성하고, 다시 계획하는 과정이 곧 메타 인지를 활용하는 방법이죠. 내가 하루를 잘 보냈는지 못 보냈는지 확인할 수 있으니까요.

언제나 내 상태를 점검하는 것이 바로 메타 인지를 활용한 '자기 객관화'라는 걸 잊지 않았으면 좋겠어요. 내가 뒤처진 상태인지 아닌지 점검을 해야 다시 따라가기 위해서 내게 맞는 수준을 찾게 되죠. 아니면 내 삶이 구멍이 숭숭 뚫린 채 가게 되죠. 그래서 내가 구멍인 것 같기도 하고요. 자존감이 낮아지고, 무엇을 하든 하기가 싫어지죠. 어쩌면 그게 우리가 가진 고질적인 문제일지도 모릅니다.

간혹 이런 문구를 본 적이 있을 거예요. '전교 꼴찌에서 서울대에 합격하기까지' 같은 내용의 문구 말이죠. 그들의 공통점이 뭔지 아세요? 자기가 공부 못한다는 걸 인정하고, 다시 처음부터 시작했다는 점이에요. 고등학생이지만 초등학교 수준부터 시작해 중학교 수준까지 끌어올리고, 결국 고등학교에서 배우는 수준까지 따라잡게 되죠. 나아가 끝까지 노력해서 평범한 고등학생 친구들을 이기고 서울대에 합격하는 쾌거를 이루죠.

서울대가 정답은 아니지만, 우리나라 최고 명문 대학에 갈 정도라면 이 친구가 얼마나 노력을 했겠어요. 근데 그 방법을 우리는 눈여겨봐야 해요. 고액 과외를 한 것도 아니고, 엄청 어려운 교재를 푼 것도 아니고, 딱 한 가지 자기 분수에 맞는 공부를 시작했다는 거죠. 그리고 단계를 밟아서 차근차근 올라갔고요. 마침내 수준 높은 단계에 오를 수 있었죠.

누구나 처음 시작점은 낮습니다. 다만 단계별로 단단하게 채워 나갔기에 더 높은 단계로 올라갈 수 있었죠. 다행인 건 처음엔 비교적 쉽습니다. 그래서 자신 있게 과제를 해결할 수 있죠. 초등학교 과제는 중학생이 처리하기에 충분히 쉬울 테니까요. 그러면 시간도 줄일 수 있지요. 그러니 포기하지 말고, 쉬운 것부터 내 수준에 맞게 시작하세요. 그게 이 순간을 극복할 수 있는 유일한 방법입니다.

아는 것보다 모르는 것을 확인하라

제가 고3 때였어요. 지난해 수능 시험이 너무 쉽게 나와서 그런지 몰라도 모의고사 난도가 높지 않았죠. 공부 잘하는 친구들은 400점 만점에 395점씩 받았어요. 전체 문제 중에 1~2개 틀린 것이죠. 안타깝게도 저는 그렇게 높은 점수를 받은 적이 없네요. 그래도 문제가 쉬워서 나름 괜찮은 점수를 받았어요. 모의고사 유형으로 문제를 많이 풀었더니 실제 모의고사에 비슷한 문제가 많이 나오더라고요. 그래서 동그라미를 그리며 채점하는 재미가 있었죠.

문제는 여기에 있었어요. 저는 채점하는 것에 심취한 나머지 문제를 더 많이 풀었거든요. 틀린 문제에 관심을 두지 않았죠. 그런데 수능 날 시험은 완전 불수능이었어요. 거의 역대급으로 수능이 어려웠다는 평이 있었죠. 나중에 뉴스 보고 알게 된 거지만, 1교시 시험이 끝나고 목숨을 끊은 사람도, 집에 돌아가는 길에 삶을 마감한 사람도 있었어요. 충격에서 벗어날 수 없었던 거죠. 특히 대학 입시가 전부인 사람들에게는 그럴 수도 있겠다 싶어요. 저를 비롯해 모든 수험생의 결과는 처참했답니다.

평소 만점 가깝게 받던 친구들도 50점 정도 성적이 하락해서 340점대가 나왔어요. 그런데 다행히도 전체 다 무너진 상태라 명문대에 가더라고요. 모의고사 점수로 비교해 볼 때는 턱도 없는 점수지만요. 공부 잘하는 우등생들에게도 타격이 있었지만, 결과적으로는 다행이었죠. 문제는 저처럼 어설프게 공부하는 수험생들에게 있었죠.

저는 무려 90점이나 떨어졌어요. 평소 생각하던 대학에 갈 수 없었죠. 무엇을 하든 재수밖에 답이 없었어요. 만족할 수 없었으니까요. 나중에야 깨달은 것이지만, 저는 겉핥기 식으로 공부했던 거예요. 적나라하게 말하자면 가짜 공부를 한 거죠. 만날 문제 풀고 정답만 맞히는 무한 노동을 한 거예요. 머릿속에 남는 것 없이 말이죠.

진짜 공부는 나에게 부족한 점을 채우는 과정이랍니다. 그동안 내가 몰랐던 지식을 채우는 행위고요. 시간은 한정되었는데 계속 내가 아는 것만 공부하면 어떻게 될까요? 물론 재미있겠죠. 아는 게 나오면 자신 있게 대답할 수 있으니까요. 하지만 나는 계속 제자리걸음을 하는 거죠. 성장 없이 말이에요. 흰 도화지에 색을 다 칠해야 하는데 계속 칠한 곳만 색이 진해지고, 비어 있는 공간은 구멍으로 남아 있는 상태가 되는 거죠.

혹시 그런 경험 있지 않나요? 책을 사서 앞부분은 새까맣게 칠해져 있는데 두세 장 지나면 아주 새 책처럼 깨끗하죠. 한두 명에 해당하지 않을 거예요. 저를 포함해서 누구나 경험하는 일이니까요. 이렇게 비유한 이유는 새로운 것을 배우지 않으면 나머지 새 지식을 채울 수 없다는 거예요. 지식을 채우지 않으면 우리 머릿속에는 지식이 남지 않죠. 텅텅 빈 그릇처럼 말이에요. 그릇에 지식을 충분히 채워야 써먹을 수 있죠. 채우지 않으니 쓸 게 없는 거랍니다.

자, 그럼 이제 어떻게 해야 할까요? 메타 인지를 활용해서 내가 무엇을 아는지 모르는지 확인하는 방법을 알았으니 먼저 그 작업을 합니다. 그다음 모르는 것에 시간을 더 투자해야 합니다. 그것이 진정한 배움의 시간이자 성장을 위한 발판을 마련하는 길이니까요. 내가 부족한 점이 무엇인지 매일 생각하세요. 그리고 채우세요. 그러면 내가 가진 그릇을 넘치게 하여 더 큰 그릇을 얻고 더 많은 지식을 채울 수 있을 거예요.

무엇보다 시간을 확보해야

혹시 가용 시간이라는 말을 들어 본 적 있나요? 이 말은 '이용 가능한 시간'이라는 뜻이에요. 앞에 '온전히 나를 위해' 전제를 붙여서 말이죠. 다시 말하자면, '온전히 나를 위해 이용 가능한 시간'입니다. 왜 이렇게 표현하냐고요? 우리는 살면서 늘 '해야 할 일'과 '하고 싶은 일' 사이에서 갈등하죠. 어쩔 수 없이 먼저 처리할 일부터 해야 하죠. 학생이라면 학교에서 듣는 수업, 혹은 학원에서 듣는 수업, 인터넷 강의 등이 있겠죠. 예체능 계열로 진로를 선택해서 준비한다면 실기 수업이 될 수도 있고요.

그런데 누군가한테 배우는 시간은 온전히 나를 위한 시간이 아니랍니다. 해야 할 일을 하는 중이죠. 가용 시간은 모든 일과가 끝나고 혼자서 무언가를 해볼 수 있는 시간이에요. 사람마다 하루 가용 시간이 다르겠죠. 저는 아침 6시부터 저녁 6시까지 학교에서 생활하고, 퇴근 후 집에서는 밤 9시까지 육아와 집안일을 하죠. 그러면 밤 12시까지 하루 딱 3시간 가용 시간이 허락됩니다.

이렇게 여러분도 하루에 내가 온전히 쓸 수 있는 시간을 파악해 보세요. 학원에 다니지 않는다면, 학교 갔다 와서 나머지 시간 모두 가용 시간일 것 같네요. 저처럼 육아나 집안일을 안 해도 되죠? 물론 숙제하거나 자기 방 청소를 해야 할 수는 있겠지만요. 그래도 하루 3시간 이상 더 많은 시간이 확보될 거라고 봅니다. 꼭 확인해 보세요. 내가 얼마나 쓸 수 있는지 말이죠.

이것을 하는 사람과 안 하는 사람은 큰 차이가 벌어집니다. 아무 생각 없이 허송세월 보내느냐 아니면 나에게 주어진 시간을 가치 있게 여기고 더 집중해서 쓰느냐가 다르니까요. 그리고 하루 1시간씩만 모아도 1년이면 365시간이나 더 많은 시간을 의미 있게 쓸 수 있죠. 365시간이면 무얼 배워도 어느 정도 수준급으로 올라갈 수 있는 시간이죠. 단, 매일 한다는 전제하에 말이에요. 매일 하지 않으면 소용없어요. 근육을 키우기 위해 운동하던 사람이 며칠 운동하지 않으면 근육이 빠지는 것처럼 말이죠.

우리는 생각보다 우리 삶에 주어진 선물을 놓치는 경우가 많아요. 아무 생각 없이 살아가기 때문이죠. 혹시 그 일화 알고 있나요? 홍수가 심하게 난 마을에 한 사람이 간신히 뗏목을 붙잡고 버티고 있었어요. 너무 죽기가 억울해서 신에게 기도했죠.

"신이시여 제발 저를 살려 주세요!"

그런데 신은 나타나지 않았어요. 대신 여러 명 보트 탄 사람들이 와서 보트를 타라고 말했죠. 그런데 이 사람은 자기는 신에게 기도했으니 곧 응답이 있을 거라며 그 보트를 보냈어요. 그리고 다시 기도했죠.

"신이시여 제가 평소 성실하게 살고, 기도하며 살았는데 왜 구해 주지 않으시나요? 제발 저를 살려 주세요!"

그러나 한참을 지나도 신은 나타나지 않았습니다. 그러던 때 다른 배가 와서 타라고 했습니다. 하지만 또 이 사람은 거절했죠. 신이 올 거라

강하게 믿고 있었기 때문이죠. 하지만 결국 물이 불어나 이 사람은 죽어 천국에 갔습니다. 그리고 만난 신에게 따져 물었죠.

"신이시여 제가 그렇게 기도했는데 왜 응답해 주지 않으셨나이까?"

그러자 신이 답했죠.

"아니, 이 녀석아! 내가 두 번이나 배를 보냈는데도 타지 않고 뭐한 것이냐?"

우리도 우리에게 주어진 신의 선물을 어쩌면 그냥 지나쳐 버리고 있을지 모릅니다. 현재를 영어로 하면 'present', 선물도 영어로 'present' 입니다. 우리는 매일 하루라는 선물을 받게 되는데 선물이라는 사실을 깨닫지 못하죠. 그래서 생각해 보라는 것입니다. 어떻게 이 선물을 활용할 수 있을지 말이죠. 매일 나는 왜 이런 삶을 살고 있나 불평만 하고 있다면 이제는 생각을 바꿔 보세요. 여러분은 이미 '현재', '하루'라는 선물을 받았으니까요. 가용 시간을 파악해서 어떻게 활용할지는 여러분의 몫입니다.

일상과 연결하는 습관을 기르자

우리는 필요성을 느끼지 않으면 움직이지 않습니다. 뇌가 그렇게 작동해요. '왜'라는 질문에 명확한 대답을 얻지 못하면 '굳이'라는 답을 내놓죠. 우리가 지금 배우는 공부 내용을 살펴보면 과연 이게 지금 내 삶에 얼마나 도움이 되려나 의구심이 들죠. 당장 나에게 필요한 게 아니니까요. 그런데 말입니다. 지금부터 생각을 하나만 바꿔 보세요. '내가 배우는 모든 것은 나에게 어떻게든 도움이 된다'로 말이죠.

거꾸로 또 뇌를 속이는 거예요. 우리의 뇌는 효율성을 중시하기 때문에 일단 시작하면 계속 유지하려는 성질이 있어요. 바꾸면 에너지가 드니까요. 그래서 무엇을 하든지 한 가지 생각을 계속 유지하는 거예요. 무조건 나에게 도움이 되니까 해야 한다고 생각하는 거죠. 내가 원해서 하는 것은 또 뇌가 들어줍니다. 하고 싶은 일이 기대되면 엔도르핀이 나오거든요. 왜냐하면 엔도르핀은 통증과 스트레스를 줄여 주거든요. 왜 그런 말도 있죠?

'행복해서 웃는 게 아니라 웃어서 행복한 거다.'

그러니 공부를 해야 하니까 한다고 생각하지 말아요. 내가 필요해서 하는 거라고 암시를 거는 겁니다. 지금 당장 필요하지 않더라도 언젠가

다 나에게 피가 되고 살이 될 거라고 주문을 외우는 것이죠. 실제 그래요. 나쁜 것을 먹으면 몸이 안 좋아지고, 좋은 것을 먹으면 건강해지는 것과 같아요.

음식이 우리 몸을 위한 것이라면, 지식은 우리 정신 건강을 위한 것이니까요. 우리는 몸과 마음으로 분리되어 있지만 동시에 연결되어 있기도 해요. 음식을 잘 먹어야 몸이 건강해져서 정신 건강도 유지됩니다. 반대로 정신 건강이 유지되어야 몸도 안 망가져요. 잠을 늦게 자거나 폭식하지 않으니까요. 이처럼 몸 건강과 정신 건강은 유기적으로 연결되어 있답니다.

눈에 보이는 것만 중요하다고 생각할 수 있어요. 당장 결과가 나타나니까요. 그래서 지식을 쌓는 공부는 당장 큰 도움이 안 되는 것 같죠. 하지만 지식은 지혜로운 사람을 만드는 기본 재료예요. 지혜로운 사람이 되면 더 지혜로운 삶을 살아갈 수 있죠. 그런데 조금 더 노력해 보면 좋아요. 배운 걸 자꾸만 써먹거나 실천하려고 노력하면 변화가 더 빠르거든요. 우리가 원하는 눈에 보이는 결과가 나온다는 말이에요.

물론 시간이 조금은 걸릴 수 있어요. 그런데 계속 그 과정이 반복되면 쌓이고 쌓여서 언덕을 만들죠. 한낱 모래알이 쌓여서 언덕이 된다는 말이에요. '티끌 모아 태산'이라는 말이 왜 나왔겠어요. 다 이유가 있죠. 또 의문이 들 수 있어요. 지식은 눈에 보이지 않는데 어떻게 쌓인 걸 알 수 있나요? 아직 실천해 보지 않아서 그렇게 말하는 거라고 알고 있을 게요. 그러면 '신'은 존재하나요? 눈에 보이지 않는데 어떻게 믿나요?

이 책을 읽는 사람 중에는 신을 믿을 수도 있고, 안 믿을 수도 있겠지만 유대인의 재미있는 일화를 통해 재치 있는 답변을 해볼게요. 한 교실에서 선생님이 말했어요.

"신은 보이지 않으니 존재하지 않아요. 왜냐면 만질 수 없으니까요!"

학생 중 한 명이 말합니다.

"선생님은 머릿속에 있는 뇌를 만질 수 있나요?"

그러자 선생님이 답하죠.

"아니 어떻게 뇌를 만질 수 있나요. 불가능하죠."

학생은 웃으며 말하죠.

"그러면 선생님은 뇌가 없군요!"

교실은 웃음바다가 되었죠.

우리가 지금 당장 눈에 보이지 않는다고, 손에 잡히지 않는다고 공부를 소홀히 하면 이 선생님과 같은 상황에 놓이게 될지 몰라요. 스스로 모순에 빠지죠. 최소한 이렇게 모순 상황에 빠지지 않도록, 혹은 나중에 어려운 문제를 해결할 수 있도록 계속 배우는 것이 나에게 도움이 된다고 연결하는 자세를 갖추어야 해요. 그러면 분명히 공부에 대한 흥미가 생길 거예요. 혹은 공부하겠다는 생각 또는 공부가 하고 싶다는 생각이 들 거예요. 저는 그렇게 믿고 싶어요! 그래야 제 글을 읽고 여러분이 실천할 테니까요.

내가 아는 게 전부가 아니야

혹시 시험 문제를 풀다가 그나마 내가 아는 내용인 것 같아서 정답을 골랐는데 틀린 경험이 있지 않나요? 아마도 그런 경우가 많을 거예요. 정확하게 내용을 다 알지 못하지만, 그나마 내가 익숙한 것을 고르는 일이 빈번히 일어나죠. 이건 당연한 거예요. 우리 뇌는 언제나 기존 지식에 의존한다고 했으니까요. 지식이 부족한 건 둘째치고, 내가 가진 지식에 오류가 있다면 어떻게 될까요? 아마도 항상 오류에 빠지는 삶을 살아가게 되지 않을까요?

조금 어려운 말이지만, '확증 편향'이라는 용어가 있어요. 사실 여부를 떠나 자기에게 도움이 되는 정보만 선택적으로 취하고, 자신이 믿고 싶지 않은 정보는 의도적으로 외면하는 성향을 말한답니다. 이 용어를 설명하는 대표적인 예시로 일본의 하와이 진주만 폭격 사건이 있지요.

1941년 12월 7일, 일본은 선전 포고 없이 하와이 진주만을 공격했어요. 그래서 쑥대밭을 만들었죠. 그런데 사실 진주만에 주둔하던 미군은 2주 전부터 일본의 급습 가능성에 대한 경고를 받았어요. 하지만 진주만이 언급되지 않아서 진주만은 안전할 것이라 믿었죠. 그 후로 두 차례 더 전쟁 가능성에 대한 경고를 받았다고 해요.

심지어 하루 전날에 일본 항공모함의 위치가 파악되지 않는다는 보고에도 무시했답니다. 그 이유는 일본이 진주만을 공격할 수 없을 거라 확신했기 때문이에요. 결과적으로 별다른 대비가 없었던 미국은 손도 써 보지 못하고 지상에서 미국 항공기 200대가 파괴되는 모습을 지켜볼 수밖에 없었어요. 전함 7척 중 5척을 잃기도 했죠.

일본과 많이 떨어져 있던 하와이 진주만은 안전할 것이라고 확신한 것처럼, 믿고 싶은 대로 믿고 그와 반대되는 증거에 대해서는 무시하는 성향을 '확증 편향'이라고 한답니다. 쉽게 말해서 자기가 보고 싶은 것만 보고, 듣고 싶은 것만 듣는 심리라 볼 수 있죠. 우리도 아는 것이 많지 않으면 우리가 가진 지식 그릇 안에서 생각할 수밖에 없답니다. 사실이 아닐지 모르는 상황에서 그냥 자기가 믿고 싶은 대로 믿게 되죠.

차라리 마음을 열고 내가 부족하다는 걸 인정하고 남의 말에 귀 기울이고 배우려는 자세를 갖추고 있으면 다행입니다. 그러려면 우선 내가 얼마나 알고 있는지 혹은 부족한지 파악할 수 있어야 해요. 이 넓은 세상의 지식이 얼마나 많은지 체감하려면 공부하면서 계속 내가 부족하다는 걸 느껴야 하거든요.

거짓말처럼 들릴 수 있겠지만, 책을 읽으면 읽을수록 제가 한없이 작은 존재라는 게 느껴진답니다. 그래서 세상의 진실과 마주하면 할수록 더 갈 길이 멀다고 느껴지죠. 그동안 내가 우물 안 개구리처럼 살았구나 깨닫기도 하고요. 신선한 충격이 여러 번 온답니다. 내가 전혀 관심 없던 분야에 대해서 새로 알면 알수록 더 배우고 노력해야겠다고 다짐도 하고요. 쉽게 말해 공부는 하면 할수록 더 많이 해야겠다고 만드는 매력이 있어요. 특히 내가 좋아하는 분야를 찾게 되면 끝없이 파고들게 되죠. 재미있으니까요. 그래서 내가 좋아하는 게 무엇인지 찾아보라는 거예요. 그 과정의 시작은 바로 공부고요.

사람을 만날 때도 마찬가지랍니다. 저는 최대한 선입견을 갖지 않으려고 해요. 다른 사람이 누군가를 평가해도 저는 직접 제가 만나고, 대화하고, 지내 보며 그 사람이 나에게 어떤 사람인지 생각하죠. 다른 사람의 의견은 내가 확인한 정보가 아니니까요. 사실을 확인해 보는 방법은 직접 경험하는 거예요. 저는 이것을 사람 공부라고 부른답니다.

우리가 책에서 읽은 것도 시대가 지나면 사실이 아닐 수 있어요. 간혹 작가가 쓴 내용이 거짓일 수도 있고요. 그러니 우리는 항상 가능성을 열어 두어야 한답니다. 책이든 사람이든 뭐든지 세상에 무조건적 진실은 없다는 것을요. 언제든 진실이 거짓으로 바뀔 수도 있고요. 진실과 거짓 사이에서 헤매거나 당하지 않으려면 우리는 스스로 더 똑똑해져야 한답니다. 슬기롭게 살아가기 위해서 말이죠.

이미 잘 형성된 습관에
새 습관을 붙여라

여러분은 하루를 어떻게 보내고 있나요? 또 아무런 생각 없이 하는 행동이 있다면 무엇이 있나요? 저는 하루 루틴이 분명합니다. 시간대별로 해야 할 일을 정해 놓고 지내거든요. 아침에 눈 뜨면 집 밖에 나오기까지 아무런 에너지를 들이지 않고 별 생각 없이도 그냥 몸이 알아서 움직이죠. 이미 뇌에 기록된 루틴이기 때문이에요.

다음으로 다르게 질문해 볼게요. 여러분은 좋은 습관이 얼마나 있나요? 일찍 자고 일찍 일어나나요? 식사는 하루 세 끼 모두 챙겨 먹고요? 화장실을 규칙적으로 가고 운동도 꾸준하게 하나요? 삶에 있어서 가장 기본적인 욕구와 건강을 위한 습관은 기본 중에 기본입니다. 그런데 생각보다 좋은 습관 유지가 어렵답니다. 좋은 약은 쓰다는 말이 있는 것처럼 생각보다 힘든 일이기 때문이죠.

뇌는 익숙한 걸 좋아한다고 했죠? 그 이유는 편한 걸 추구하기 때문이라고 했어요. 그런데 뇌는 또 자극을 좋아합니다. 초콜릿을 먹거나, 영상을 보거나 할 때 기분을 좋게 해 주는 도파민이 나오거든요. 이 경우 이미 강력한 자극이 있어서 다른 것을 소홀히 하게 되죠. 채소나 야채에 중독되는 것보다 초콜릿에 더 잘 중독되는 것도 이런 이유에서죠.

당연히 운동하는 것보다 소파에 누워서 TV를 보는 게 더 편하고 좋죠. 그런데 만일 그렇게 밤이라도 새면 하루를 망치죠. 종일 피곤해서 다른 건 할 수 없거든요. 그래서 우리가 공부를 잘하고 싶다면 기본적인 나의 하루 일상부터 살펴봐야 해요. 앞에서 말한 기본적인 루틴이 잘 지켜지고 있는지 말이죠. 그래야 몸과 마음이 건강한 상태로 공부에 집중할 수 있죠.

일단 여기까지 내가 가진 습관 혹은 루틴이 무엇인지 파악하는 시간이었습니다. 이제는 어떻게 하면 좋은 습관을 더 만들 수 있는지 이야기해 볼 거예요. 혹시 헬스장에서 운동해 본 적 있나요? 처음부터 무리해서 100킬로그램 덤벨을 들려고 하면 어떤가요? 들 수 있나요? 아니죠. 절대 못 들죠. 운동을 오래한 고수들도 어려워하는 무게니까요.

1킬로그램짜리부터 시작해 보세요. 이제는 할 만하죠? 이게 바로 힌트입니다. 우리가 습관을 만들려고 하면 작은 것부터 시작해야 해요. 언제 어디서든 쉽게 할 수 있도록 해야 합니다. 진입 장벽이 높으면 포기하게 되니까요. 1킬로그램짜리부터 시작하면, 근력이 생겨서 다음에는 2킬로그램으로 넘어갈 수 있죠. 그리고 조금씩 무게를 늘리며 계속 꾸준하게 이어 갈 수 있죠. 이 원리를 어디든 적용해 보세요.

내가 좋아하지 않은 음식이 있다면, 일단 좋아하는 음식에 소량 넣어서 같이 먹어 보세요. 그러면 이미 좋아하는 요소가 크게 있어서 싫어하는 요소는 묻히게 됩니다. 잠을 너무 늦게 자고 늦게 일어나는 나쁜 습관이 있다면, 더도 말고 10분씩만 앞으로 당겨 보세요. 한꺼번에 1시간씩 당기려고 하지 말고요. 그렇게 10분씩 조금씩 줄이다 보면 어느새 1시간, 2시간, 3시간이 당겨지며 정상 궤도로 돌아올 수 있을 거랍니다.

그리고 무엇보다 스스로 계획하고 점검하는 시간을 가지세요! 그러면 자연스럽게 내가 지금 무엇을 잘하고 있는지, 못하고 있는지 확인할 수 있어요. 이 시간마저도 루틴으로 만드는 거예요. 자기 전에 하루를 되돌아보며 실천한 것을 확인하고 내일 일을 계획하는 거예요. 저도 제가 만든 프로젝트에 스스로 참여하고 있는데 효과가 좋더라고요. 항상 다음 날 할 일을 고민하니까 자연스럽게 실천하게 되고요.

저는 사실 공부 습관을 기르기 위한 진정한 시작은 일상생활 습관부터 올바르게 기르는 것이라 생각해요. 기본이 충족되고 그다음이 있는 법이니까요. 기본적인 습관이 잘 형성되어 있으면, 그 이후에 어떤 습관을 붙이더라도 잘 붙을 거예요. 그러니 차근차근 하나씩 좋은 습관을 만들기 위해 노력해 보세요. 분명 도움될 거예요.

못해서가 아니라
안 해서 못하는 거야

우리는 성적이 잘 나오지 않으면 종종 이렇게 말합니다.

"나는 공부를 못해요."

그런데 그거 아세요? 공부는 못해서 못하는 게 아니라 안 해서 못하는 거예요. 공부 머리라는 말도 많이 하는데, 공부 머리는 노력으로 충분히 만들 수 있답니다. 다만 공부할 의지가 없고, 방법을 제대로 모르고, 노력하지 않아서 성적이 안 나오는 거예요. 희망 고문을 하려는 게 아니라 정말 사실이에요.

서울대에 진학한 학생들은 보통 학생보다 평균적으로 최소 3배 이상 더 공부에 시간을 투자한다고 해요. 그들이 머리가 좋아서 서울대에 갔다고 하기보다는 남들보다 3배 더 노력했기에 서울대에 간 거라고 볼 수 있지 않을까요? 한번 자신의 하루를 되돌아보세요. 얼마나 공부하고 있나요? 혹시 시험 시간이 다 되어서야 공부 좀 해보겠다고 폼 잡고 있지는 않은지요?

거짓말처럼 들릴지 모르겠지만, 많은 학생이 시험 전날에 공부를 시작합니다. 그래서 대부분 시험 범위 내용을 다 못 보고 시험을 치르죠. 결과는 어떨까요? 불 보듯 뻔하죠. 제대로 공부하지 않았으니까 성적이 안 나오는 겁니다. 그렇게 평소에 남들보다 덜 노력하고, 결과만 놓고 성적이 안 나와서 머리가 나쁘고 공부를 못한다고 말하는 건 모순이 아닐까요?

반대로 공부 잘하는 친구들은 평소에 꾸준히 공부합니다. 시험 기간에 반짝 하는 게 아니라 매일 꾸준히 합니다. 사실 매일 하기 때문에 잘하는 거예요. 그게 비결이랍니다. 다만 그걸 실천하기가 어려워서 다들 엄두를 못 내는 거죠. 잠을 하루에 7시간씩 충분히 자더라도 나머지 시간에 충실하게 공부해 보세요. 성적이 날개 단 듯이 오를 거예요. 그런데 그렇게 하지 못하니까 결과가 그렇게 나오는 거고요.

제가 너무 꼬집듯이 이야기했나요? 그런데 성공한 사람들은 정말 남들보다 더 부지런히 움직이고, 노력하고, 실천해요. 머리가 좋아서가 아니라 남들보다 노력을 더 많이 해서라는 걸 알려 주고 싶어요. 매일 공부 계획을 세우고, 그 계획을 모두 실천하기 위해 노력하고, 만일 다 실천하지 못했으면 스스로 반성하는 시간을 갖고, 다음 날은 어제보다 더 나은 내가 되기 위해 노력한다는 의미예요.

사실 남들과 비교할 필요 없어요! 사람마다 인생 속도는 다르니까요. 다만 어제보다 나은 내가 되기 위해 오늘도 더 열심히 살고 노력하는 거죠. 하루에 1퍼센트씩만 성장해도 1년 후에는 365퍼센트 성장해요. 그런데 매일 제자리걸음이니까 성장도 변화도 없죠. 그래서 생각해야만 해요 내가 지금 정체해 있는지 아니면 조금이라도 앞으로 나아가고 있는지 말이에요.

혹시라도 그동안 아무 생각 없이 쳇바퀴 같은 하루하루를 보냈다면, 혹은 아무런 발전 없이 허송세월 보냈다면 반성의 시간을 가져 보기로 해요 다행인 건 이걸 깨닫고, 새로운 계획을 세우고, 매일 실천하면 늦은 게 아니에요. 가장 빠른 것일 수도 있어요. 평생 깨닫지 못하는 사람도 있고, 깨달아도 실천하지 못하는 사람이 많기 때문이에요.

그동안 내가 공부 못했던 이유를 내 능력에서 찾지 말고, 내 노력에서 찾도록 해요. 지독하게 한번 노력해 보고 그래도 안 되면 또 다른 방법으로 노력해 보며 절대 포기하지 마세요. 다시 한번 기억하기로 해요! '중꺾마'를요. 중요한 건 꺾이지 않는 마음, 더 중요한 건 꺾여도 포기하지 않고 계속하는 마음이에요. 아시겠죠? 그러니 그동안의 나를 되돌아보고, 앞으로는 오늘도 내일도 매일 노력해 보시길 바랍니다.

2

슬기로운
공부 생활

모든 공부는 대화에서 시작된다

혹시 브레인스토밍(brainstorming)이라는 말이 뭔지 알고 있나요? 아이디어를 내기 위해서 이것저것 머릿속에 떠오르는 생각을 모으는 일을 의미합니다. 혼자서도 할 수 있지만, 언제나 한계에 부딪히죠. 한 사람의 생각은 한 관점으로 떠올리는 것이니까요. 하지만 여러 명이 모여서 이야기를 나누면 상황은 달라지죠. 사람마다 직접, 간접 경험이 다양하기에 많은 아이디어를 모을 수 있죠.

공부할 때도 마찬가지예요. 혼자서 책을 읽기만 하면 한계에 부딪히게 되죠. 내가 생각하는 게 옳은지 아닌지 확인할 방법이 없으니까요. 책 내용은 항상 그대로지만, 그 내용을 읽고 이해하고 해석하는 건 사람마다 다르니까요. 그래서 공부할 때는 내 생각이 맞는지 다른 사람의 눈을 통해 확인하는 작업이 꼭 필요하답니다.

학교 수업을 듣고 나서 자기가 이해한 내용을 다른 친구에게 말해 보세요. 그러면 신기하게도 그 친구는 다르게 이해하고 있는 경우를 간혹 발견할 거예요. 생각이 같다면 다행이지만, 다를 경우 이해 불균형이 일어나죠. 생각이 같아도 좋은 것이고, 생각이 달라도 좋은 것이에요. 대화를 했다는 것이 중요하죠. 왜냐하면 내 생각을 확인할 수 있으니까요.

시험 기간에는 아침마다 최종 정리하는 시간을 가지죠. 주변에 보면 자기가 공부한 것을 이야기하는 친구들을 볼 수 있을 거예요. 그러다 갑자기 "그게 그런 뜻이라고?" 하며 소스라치게 놀라는 친구도 볼 수 있죠. 혼자서 공부할 때는 다르게 혹은 틀리게 이해했는데 다행히도 다른 친구의 이야기를 듣고 자기가 잘못 생각했다는 걸 알게 되죠.

더 재미있는 상황은 나랑 다른 한 친구랑은 합의가 되었는데, 또 다른 친구가 등장해서 판을 흔들어 놓기도 합니다. 알고 보니 두 명의 생각이 틀리고 새롭게 등장한 친구의 의견이 옳다는 생각이 들죠. 그래서 여러 사람과 대화하며 비교해 봐야 합니다. 심지어 세 명의 의견이 틀린 경우도 발생하죠. 정말 공부 잘하는 친구가 이해한 게 더 정확할 수도 있기 때문이죠. 이런 이유로 자기가 공부한 내용을 주변에 풀어 내고 확인하라는 의미입니다.

동물은 본능적으로 직감하며 움직이지만, 인간은 다행히도 '언어'라는 선물을 받았기에 더 정확하게 주변 사람들과 의사소통할 수 있답니다. 상대방과 대화를 나누고 정보를 교류하며 그 정보가 옳은지 그른지 확인할 수 있지요. 우리가 새로운 정보를 받아들일 때는 내가 가진 '인식의 틀'을 이용한다고 했어요. 그런데 그 인식의 틀이 잘못 잡혀 있으면 새로운 정보를 받아들일 때마다 계속해서 오류를 범할 수 있죠. 이때 보완책이 바로 주변에 다른 인식의 틀을 가진 사람들과 소통하는 것입니다. 대화를 통해서 말이죠.

다른 사람과 의사소통이 활발할 때 언어 능력이 발달한다고 해요. 우리는 글 혹은 말로 지식과 정보를 습득하기 때문에 언어 능력이 절실히 필요하죠. 언어 능력의 발달은 인간으로서 지닐 수 있는 사고력을 키워 준답니다. 더 깊게 사고하고 어려운 문제도 해결할 수 있죠. 그런 점에서 대화는 공부의 시작점이라 볼 수 있습니다. 인간으로서 가진 무기를 잘 활용하기 위해 앞으로는 슬기로운 공부법을 활용해 보는 건 어떨까요?

공부 머리를 키우는 질문의 힘

수업 시간에 보면 한마디도 하지 않고, 그냥 고개만 끄덕이는 학생이 많습니다. 막상 나중에 확인해 보면 제대로 이해하지 못했는데 그냥 넘기는 경우가 많죠. 그러면 절대 내 머릿속에 남지 않습니다. 이해가 없으면 기억에 도달하지 않거든요. 이해를 위한 방법에는 여러 가지가 있지만, 가장 좋은 방법은 질문하는 거예요.

혹시 그리스 시대 철학자 소크라테스를 기억하나요? 소크라테스의 교육 방식은 '문답법'이었답니다. 참된 지식을 직접 가르치지 않고 질문과 답변을 통해 상대방이 스스로 무지와 편견을 알아차리게 했죠. 그렇게 해야 진리를 발견할 수 있을 거라고 믿었고요. 실제 엄청난 효과가 있었죠.

고민이 있는 사람이 그 고민을 해결하는 유일한 방법이 무엇인지 알고 있나요? 누군가에게 내 고민을 말하면서 스스로 다양한 질문과 생각을 하는 거예요. 상대방이 해결책을 줄 수도 있지만 자기가 자기 고민을 말하면서 질문에 답변하는 셈이죠. 저도 그동안 수백 명 넘게 상담을 해 왔지만, 결국 고민이 있는 사람이 스스로 해결책을 찾도록 들어 주기만 한답니다. 제가 조언을 할 때도 있지만, 결국엔 자기가 원하는 답을 스스로 찾더라고요. 대신 다양한 질문을 통해서 해결책에 도달하도록 노력하죠.

사실 대화법도 질문법과 일맥 상통합니다. 같은 맥락이지만 조금 다른 면이 있어서 따로 설명하는 중이고요. 대화법은 누군가가 있어야 할 수 있지만, 질문법은 혼자서도 가능합니다. 내가 생각하는 것이 과연 맞는지 확인하는 작업을 위해 질문을 스스로 해야 한다는 거예요. 물론 주변에 내 생각이 맞는지 확인해 줄 사람이 있다면 좋겠지만, 없더라도 도움이 됩니다.

새로운 지식을 탐구할 때 계속 스스로 물어보는 거예요. 내가 알고 있는 것과 무엇이 다른지, 내가 이해한 것이 맞는지 말이죠. 그러면서 이해가 안 되면 또 다른 정보를 찾아가며 비교하게 되거든요. 이렇게 고민을 많이 하면 뇌에서는 중요한 정보라고 인식하고 신경 쓰기 시작하죠. 그리고 어느 순간 '유레카!' 하고 깨닫게 되면 내 기존 지식과 새로운 지식이 연결되어 장기 기억으로 남게 되죠. 즉, 질문법이 공부를 잘할 수 있는 기초이자 좋은 방법이 된다는 의미예요.

그러니 앞으로는 책을 읽든, 수업을 듣든, 인터넷 강의를 보든 항상 스스로 질문하는 습관을 만들려고 노력해 보세요. 아무 생각 없이 하는 공부는 5퍼센트 효율도 안 나온다고 합니다. 100을 공부했는데 5밖에 남지 않는다고 하면 억울하지 않나요? 그렇기에 질문하기 방식은 공부에서 필수로 따라와야 하는 슬기로운 공부법이에요.

학교에서 수업하다 보면 매우 적극적으로 질문하는 학생이 있습니다. 배우는 순간에 이해가 안 되면 첨예하게 모르는 점을 물어봅니다. 나중에 다시 확인하려면 다시 처음부터 내용을 확인해야 하고, 막상 자기가 무엇이 이해가 안 되었는지 까먹어서 놓칠 수도 있죠. 그래서 가장 좋은 건 모르는 순간에 바로 질문을 통해 해결하는 거랍니다. 공부 효율도 높이고, 시간 절약까지 동시에 할 수 있으니 일석이조(一石二鳥)가 되죠.

혹시 내가 이해를 했는지 못했는지 분별을 못 할 수 있기에 자세히 방법을 알려 드리자면 다음과 같습니다. 방금 배운 내용을 내가 이해한 대로 풀어서 말할 수 있는지 해보는 거예요. 만일 내가 설명을 못 할 것 같으면 아직 완전히 이해되지 않았으니 다시 어느 지점을 내가 잘 모르는지 질문을 통해 확인해 보는 거예요. 이렇게 무한 반복 질문법을 활용하면 결국 모든 구멍을 메울 수 있죠.

이런 습관이 생기면, 언제나 질문을 통해 문제를 해결할 수 있는 능력이 생깁니다. 어떤 새로운 정보를 만나더라도 두려워하지 않고 끝까지 해결하기 위해 노력하는 힘이 생긴다는 말이죠. 따라서 질문법이 공부머리를 기르는 좋은 방법이라고 하는 것이죠.

정답이 아닌 해답을 찾아가는 길

우리는 자꾸만 100점을 맞으려 하고, 문제에서 정답만 찾으려 합니다. 시험을 봐야 하니까, 시험을 잘 봐야 성적이 좋으니까, 성적이 좋아야 좋은 대학에 가니까 그렇습니다. 정답 찾기를 잘하는 사람은 성공하지만, 이에 약한 사람들은 심하면 실패자 혹은 낙오자로 전락하죠. 공부 실패자와 낙오자가 공부가 과연 재미있을까요? 절대 그렇지 않죠. 못하는 일이 재미있지 않을 테니까요.

그런데 조금만 생각을 바꿔 보시면 공부가 재미있어집니다. 정답이 아닌 해답을 찾는 과정이라고 생각을 바꾸면 그렇습니다. 정답은 정해진 답을 찾는 과정입니다. 하지만 해답은 조금 더 나은 답을 찾는 과정이죠. 내가 제시한 답이 조금 부족할 수는 있지만, 틀리지는 않게 되죠. 그러면 어떤가요? 해볼 만하지 않나요? 어쨌든 내가 채택한 답이 틀린 건 아니니까요.

우리는 살아가면서 수많은 문제에 봉착합니다. 꼭 해결해야 할 문제도 있고, 그냥 넘겨도 되는 문제도 있죠. 문제의 가볍고 무거운 정도는 다를 수 있지만, 우리는 답을 선택해야 하고 그에 대한 책임을 져야죠. 항상 선택에 따른 결과가 다릅니다. 조금 더 현명하다면 답을 택하기 쉬울 테고, 결과도 더 좋을 거예요. 그러기 위해서 우리가 현명한 사람이 되어야 하죠.

그런데 현명한 사람과 똑똑한 사람은 다릅니다. 현명한 사람은 더 나은 답을 찾으려 노력하고, 똑똑한 사람은 정답을 잘 찾아내니까요. 감이 오셨나요? 저는 여러분에게 똑똑한 사람이 아니라 현명한 사람이 되는건 어떨까 제안하는 거예요. 똑똑한 사람은 시험을 잘 보고, 현명한 사람은 인생을 지혜롭게 잘 살거든요. 시험을 잘 보기만 하는 사람과 인생 전체를 잘 다스릴 수 있는 사람 중에 어떤 사람이 되고 싶나요?

이것 또한 선택은 여러분의 몫이에요. 다만, 공부해야 하는 이유는 분명히 있는 거죠. 똑똑한 사람이든 현명한 사람이든 공부는 필수니까요. 그런데 방법과 태도는 다를 수 있어요. 시험을 준비하는 공부와 인생을 준비하는 공부는 다르잖아요. 그리고 시험을 잘 보기 위해서는 스트레스가 이만저만이 아니죠. 반대로 인생을 잘 살기 위해서는 약간의 스트레스가 있더라도 내 삶이 좋아질 수 있다고 생각하니까 하면 할수록 내게 도움이 될 거라는 생각이 듭니다.

1등과 2등의 차이가 혹시 뭔지 아시나요? 1등은 스스로 자기 자신과 싸움합니다. 반면에 2등은 항상 1등과 경쟁하고 이겨 보려고 노력하죠. 1등은 다른 사람은 경쟁 상대가 아닙니다. 자기 인생과 경쟁할 뿐이죠. 내가 어떻게 하면 더 나은 삶을 살 수 있을지 고민한다는 말이에요. 반면에 2등은 항상 1등을 뒤따라 가려고 하고, 3등을 견제하려고 에너지를 쓰죠.

그거 아시죠? 처음에 정한 방향에 따라 나중에 따라오는 목적지가 크게 달라진다는 것을요. 비록 처음에는 큰 차이가 없지만, 5년 후나 10년 후에 보면 방향이 완전히 다른 곳으로 가 있습니다. 1등은 자기 인생을 위한 공부를 했기에 인생이 달라지고요, 2등은 항상 시험을 위해, 승진을 위해 공부했기에 성적만 달라지죠. 이렇게 해답을 좇는 사람, 그리고 정답을 좇는 사람은 크게 다른 삶을 살아가게 됩니다.

우리 삶에 정답이란 없습니다. 정답이라고 하는 것도 누군가 정해 놓은 기준에 맞는 답일 뿐이죠. 인생은 스스로 결정하고 그에 대한 책임을 지면 됩니다. 각자 다른 삶을 살기에 각자의 해답을 찾기 위해 노력하는 게 좋죠. 적어도 패배자나 낙오자로 전락할 일도 없고, 자기가 만족할 수만 있다면 행복한 삶을 살 수 있기 때문이죠. 앞으로는 내 인생에 얼마나 도움이 될지 고민하면서 공부해 보시길 바랍니다. 내 삶에 더 좋은 해답을 찾을 때 얼마나 도움이 될지 생각해 보라는 의미예요.

리더(reader)가
리더(leader)로 성장한다

좋은 대학을 나와서 크게 성공했다는 이야기는 많이 듣지 못했지만, 책을 많이 읽어서 세상 누구나 아는 유명한 사람이 되었다는 이야기는 많습니다. 근대에는 토머스 에디슨, 아인슈타인, 헬렌 켈러 등이 있고, 현대에는 일론 머스크, 빌 게이츠, 스티브 잡스 등이 있죠. 혹시 이 중에 한 번도 못 들어 본 사람이 있나요? 누구나 다 아는, 이 세상에 영향을 끼친 유명한 사람들이죠. 쉽게 말해, 세상을 이끄는 사람들이라는 의미입니다.

이 밖에도 대통령, 기업 총수 등 세상의 주요 인물들의 공통점은 바로 '책을 읽는 사람'이라는 거예요. 그들은 단순히 학교 교육에 갇히지 않고, 더 넓은 세상을 바라보는 눈을 기르기 위해 노력한 사람들이에요. 심지어 책으로 독학해서 다양한 지식을 쌓고, 현실에 적용하고, 나아가 세상에 도움이 되는 일을 기획하고 실천하죠. 단순히 시험만 잘 보는 기계나 벌레가 아니라는 말이에요.

그런데 재미있는 건 학교에서 공부 잘하는 학생들을 보면, 어린 시절 책을 다양하게 많이 읽은 경우가 대부분이에요. 초등학교 때 독서왕, 다독왕 등 타이틀을 가지고 있죠. 게다가 학교에서 활발하게 다양한 활동에 참여하고 리더십을 발휘하죠. 그들은 다양한 활동이 책을 읽은 것만큼 삶에 도움이 되는 걸 알고 있기 때문이에요.

책은 한 사람이 겪은 경험이나 전문적인 지식을 넣은, 아주 값싸지만 가치가 높은 작품이에요. 실제 유명한 사람을 만나려면 어마어마한 돈을 지불해야 그 사람의 생각을 들을 수 있죠. 너무 유명하면 돈을 아무리 줘도 만나 주지 않을 수도 있고요. 그런 면에서 책은 아주 효율이 높은 컨설팅이 될 수 있죠. 시간과 공간을 초월한 만남이니까요.

만일 책 한 권을 읽었다면, 다른 한 사람의 세상과 새롭게 연결되는 거예요. 만일 100권을 읽는다면 100명과 연결되는 셈이죠. 유명한 사람들은 몇백 권으로 끝내지 않았어요. 수천 권 혹은 수만 권의 책을 읽었고, 심지어 현재 진행형으로 책을 계속 읽으며 세상이 어떻게 돌아가는지 확인하죠. 만일 기업을 운영한다면 그렇게 해야 생존할 수 있으니까요.

조금 좁게 보자면, 독서는 공부에도 큰 영향을 끼칩니다. 배경지식이 많아야 새로운 지식을 받아들일 때 더 정확하고 빠르게 이해할 수 있기 때문이죠. 학교에서 배우는 내용도 다양한 책을 읽다 보면 비슷한 내용이 겹쳐질 수밖에 없으니 공부와 밀접한 연관이 있는 거죠. 그래서 어릴 때 책을 많이 읽어야 공부가 조금이라도 쉬워지는 거랍니다.

그런데 책을 그냥 눈으로 읽기만 하면 안 됩니다. 책 내용을 요약하고 그중 괜찮은 내용이 있으면 기록하고, 내 삶과 연결 지으며 깨닫는 과정을 동시에 거쳐야 해요. 끝으로 깨달은 내용을 바탕으로 계획을 세우고 실천해야 하죠. 그러면 삶에 조금씩 성장이 일어나고 나중에는 큰 변화가 나타나죠. 실제 성공한 사람들의 과정을 살펴보면 방금 제가 언급한 과정을 그대로 밟았답니다.

솔직히 말해서 모든 사람이 세상의 리더(leader)가 될 필요는 없어요. 리더도 있어야 하고, 리더를 따르는 사람도 있어야 세상은 돌아갈 수 있으니까요. 그런데 분명한 건 리더(reader)가 리더(leader)로 된다는 사실이에요. 꼭 기업 총수가 아니더라도 내가 살아가면서 다른 사람들을 이끌 수밖에 없는 상황에 놓이거든요. 특히 나이를 먹게 되면 누구든 그 역할을 해야 합니다. 선배로서 우리 후배들을 이끌어 줘야 하니까요.

지금 책을 읽는 이유는 공부를 잘하는 데 도움이 됩니다. 그리고 현명하게 살아가는 데 지혜를 주고요. 나아가 내가 관리자 혹은 리더로서 역할을 해야 할 때 더 좋은 판단을 할 수 있도록 도와주는 것도 독서일 거예요. 학교에서 배우는 교육과정 공부도 좋지만, 자기가 관심 있는 분야의 책부터 시작해서 천천히 책을 읽는 습관을 길러 보세요. 단순히 성적 향상이 아닌 더 큰 목표를 가지고 독서하다 보면 세상을 이끌어 가는 사람이 될지 알 수 없으니까요.

비판적으로 생각하고
논리적으로 말하는 방법

행운인지 불행인지 모르겠지만, AI 기술의 발달로 우리 사회는 큰 변화를 겪고 있습니다. 특히 챗GPT 같은 프로그램이 상용화되면서 편리한 세상을 기대해 볼 수 있죠. 기존에는 시간을 많이 들여서 정보를 찾아야 했다면, 이제는 AI가 그 일을 대신 빠르게 해 줄 수 있으니까요. 하지만 장점이 있으면 언제나 단점이 있는 법! 다양한 문제점도 있답니다. 결국 인간만이 할 수 있는 일도 명확해지고요.

학교에서는 이제 이런 도구를 활용하여 수업하고, 평가하는 등 다양한 변화가 일어날 거예요. 그렇게 되면 더 요구되는 것들이 생기죠. 이런 도구를 사용할 때 정보가 옳은지 아닌지 분별할 수 있는 능력이 필요하기 때문이죠. 인공 지능이 제시하는 정보가 100퍼센트 사실이라는 보장은 없거든요. 한 단어 다음에 확률이 높은 단어를 제시하여 자료를 구성하기 때문이에요. 이때 실제 사실과 다른 정보를 제시하여 오류를 범한답니다.

이럴 때 우리에게 필요한 역량은 무엇일까요? 우리가 받아들이는 지식이 사실인지 아닌지 비판적으로 분석하고 판단할 수 있어야 하겠죠. 《최고의 교육》이라는 책에서도 미래 인재의 핵심 역량을 6가지 제시하는데, 그중 '비판적 사고' 능력이 필수로 들어가 있답니다. 우리 인간에게 꼭 필요한 역량이라는 의미죠.

비판적 사고는 정보의 호수에서 옳고 그른 정보를 분별해 내는 능력을 의미합니다. 나아가 자신의 의견을 낼 수 있는 단계까지 가는 것이고요. 그러기 위해서는 보는 대로 믿지 않고, 사실을 비교하고, 견해를 갖고, 증거를 찾는 훈련을 해야 한다는 말이에요. 제대로 읽고 쓸 줄 아는 능력이 있어야 한다는 말이죠. 비판적 사고력과 동시에 논리적 근거를 제시할 수 있는 사고력이 작용해야 해요.

어떻게 하면 이렇게 할 수 있을까요? 우리가 정답이 아닌 해답을 찾아가는 과정과 비슷합니다. 첫째, 다른 사람의 관점을 인정하고 열린 태도로 정보를 받아들여야 해요. 다수의 의견이 무조건 옳다는 생각을 버려야죠. 소수더라도 그게 진리일 수도 있거든요. 그러려면 여러 매체를 통해서 정보가 사실인지 아닌지 확인하는 습관이 필요해요. 가끔 가짜 뉴스 등 사실이 아닌 정보를 제공하는 매체가 있기 때문이죠.

둘째, 비판적 사고력을 기르고 논리적으로 말을 하려면 정보를 명확하게 정리하고, 구체적인 예시나 근거를 드는 연습을 해야 해요. 앞에서 말한 것처럼 우선은 다양한 정보를 찾아야 하죠. 그리고 그 정보를 바탕으로 타당한 근거가 될 수 있는지 확인하며 정리하는 거예요. 맹목적으로 한 정보에 의존하는 게 아니라 다른 정보와 비교해야 하죠.

셋째, 스스로 반성하고 피드백할 수 있어야 해요. 그동안 내가 믿었던 정보가 사실이 아닌 경우 부정할 수 있어야 해요. 그동안 잘못 알고 있었던 거니까 이제는 제대로 알려는 의지를 보여야 합니다. 그런데 대부분 그렇지 못하죠. 기존에 갖고 있던 일반적인 생각에서 벗어나기가 어렵거든요. 계속해서 더 좋은 대안이 없는지 생각해 보고, 자료를 더 조사하고, 체계적으로 문제를 해결하려고 노력해야 합니다. 그 과정에서 비로소 내가 잘못하고 있다는 걸 깨달을 수 있으니까요.

혹시 수업받을 때 선생님이 하는 이야기가 모두 사실이라고 믿고 있지는 않나요? 선생님도 사람이고, 자기가 살아오면서 경험한 걸 바탕으로 자기만의 관점으로 이해하고 해석한 것을 전할 수 있답니다. 심지어 시대가 변하면서 과거에 사실이었던 게 거짓으로 바뀔 수 있죠. 예를 들면, 천동설이 거짓이 되고 지동설이 사실이 된 것처럼 말이에요. 그러니 우리는 항상 마음을 열고 다양한 관점으로 지식과 정보를 바라보려고 노력해야 합니다. 그게 시작이에요. 의문점을 갖기 시작해야 다른 관점을 가질 수 있으니까요.

비판적 사고력과 논리적 사고력은 앞으로 우리가 꼭 갖춰야 할 역량입니다. 슬기롭게 공부하는 한 가지 방법이기도 하고요. 이제는 정해진 답을 찾기보다는 내 생각을 논리적인 근거를 통해 말하고 쓸 수 있어야 더 능력을 인정받게 될 거라 그렇습니다. 이 점을 잊지 말고, 단순히 암기식 공부가 아닌 이해하고, 생각하고, 정리하여 다양한 관점으로 내 생각을 표현할 수 있도록 노력해 보시길 바랍니다.

선택과 집중,
잘하는 것과 못하는 것 구분하기

우리는 공부할 때 그냥 생각 없이 하는 경우가 많습니다. 간혹 모두 공평하게 공부해야 한다며 모두 똑같은 시간을 투자해서 공부하죠. 하지만 이 방법은 슬기롭지 못합니다. 주어진 시간 안에 다 끝낼 수 있을지도 모르고요. 그 이유는 내가 잘할 수 있는 것과 못하는 게 있기 때문이에요. 이런 상황에서 어떻게 하는 것이 좋을까요?

우등생들을 보며 느낀 점이 있습니다. 자기 상황에 맞게 분배하여 과목별로 공부하는 시간을 달리하는 거예요. 만일 국어와 영어는 잘하는데 수학, 과학을 못하면 전자보다 후자에 더 많은 시간을 투자하는 거죠. 이미 잘하는 것은 조금만 시간을 들여도 금방 잘할 수 있으니까 그런 거예요. 반대로 못하는 것은 남들보다 더 노력해야 실력을 끌어올릴 수 있으니까 더 많은 시간이 필요하죠. 이게 슬기로운 전략입니다.

공부뿐만이 아니에요. 성공한 사람을 보면, 자기 약점을 보완하기 위해 더 많은 시간을 들입니다. 그래야 도약할 수 있으니까요. 그런데 이런 경우는 이미 내가 가진 장점이 무엇인지 아는 경우예요. 처음 시작부터 어려운 일에 에너지를 쏟으면 지칩니다. 재미도 없고요. 그래서 아직 내가 아무것도 잘하는 게 없다면, 그나마 내가 잘할 수 있는 게 무엇인지 찾아야 해요. 방법은 간단하죠. 다양하게 해보는 거예요.

공부라면 과목별로 다 공부하면서 뭐가 재미있는지 찾아야죠. 그러다 자기가 더 잘할 수 있고, 재미를 느끼는 과목이 있다면 우선 그 과목부터 더 열심히 해보는 거예요. 일단 하나부터 잘할 수 있어야 다른 것도 새로 배울 때 잘하는 방법을 그대로 적용할 수 있거든요. 우선은 좋아하는 것 혹은 잘하는 것을 찾고 그것에 집중하라는 말이에요.

만일 조금 잘하게 되었다면, 이제는 그다음으로 좋아하는 것에 투자해 보세요. 이런 식으로 계속 하나씩 늘려 가다 보면 마지막으로 정말 어렵고 힘든 한두 개가 남을 거예요. 이때부터는 기존에 성장시켜 놓은 것은 역량이 떨어지지 않게 유지하는 정도만 시간을 투자해야 해요. 대신 아직 부족한 부분에 그동안 했던 방식을 잘 활용하여 더 많은 시간을 투자해야 하죠.

제가 가르쳤던 학생 중 한 명은 역사는 좋아하지만 다른 과목에는 자신이 없었어요. 하지만 최소한 한 과목이라도 좋아하는 과목이 있으니 희망적이었죠. 왜냐하면 이 과목을 통해 공부에 힘쓰는 경험을 해볼 수 있었으니까요. 좋아하니까 재미있고, 재미있으니까 계속 공부할 수 있었죠. 덕분에 역사 점수는 잘 나왔어요. 이 성취 경험을 바탕으로 약간 비슷한 과목인 사회 과목에도 집중하기 시작했어요. 그러니까 사회 과목도 성적이 조금씩 오르더라고요. 나중에는 역사와 사회를 잘하는 사람이 되었죠.

이렇게 한 분야에서 비슷한 분야로 확장하면서 공부 성취 경험을 느끼니까 자기 진로를 정하더라고요. 그리고 사회는 또 국어랑 영어와 연결이 됩니다. 국어와 영어 비문학 지문에 자주 등장하는 주제니까요. 그래서 조금씩 국어와 영어에 도전하기 시작했어요. 이렇게 조금씩 늘려

나가니까 꾸준하게 공부하더라고요. 나중에는 자기가 가장 자신 없는 수학에도 손을 대기 시작했어요. 그 이유는 수학을 못하면 대학 입시에서 선택의 폭이 좁아지거든요.

비록 고3 때 자기가 목표하는 대학에 가지는 못했지만, 재수하면서 수학 공부에 매진했어요. 결국 자기가 바라는 대학에 진학했죠. 대학이 정답이 아니라고 했지만, 자기의 꿈을 이루기 위한 과정으로 대학을 간다면 또 중요한 목표가 될 수 있죠. 공부 성취감도 중요하지만, 목표를 이루는 성취감도 중요하니까요.

10대에 학교에서 하는 공부, 20대에 대학 혹은 직장에서 하는 공부 모두 사실은 우리가 인생을 살아가면서 거치는 과정이에요. 그러니 내가 그나마 잘하는 게 무엇인지 찾아보고, 우선 거기에 집중하세요. 그리고 어느 정도 결과를 얻고 성취감을 얻게 되면, 다음으로 잘하거나 좋아하는 걸 찾아서 똑같은 방식으로 공부하는 거예요. 이렇게 하나씩 해나간다면 나중에는 무엇을 하든 내가 원하는 걸 얻을 수 있을 거예요. 성공 경험을 가진 사람과 아닌 사람은 분명한 차이가 있기 때문이죠.

직접 설명하는 게 가장 효율이 높다

우리는 공부 시간에 자꾸만 '수업' 시간을 포함하려 합니다. 하지만 수업을 가만히 듣기만 하는 건 진짜 공부가 아니에요. 정보나 지식을 전달받는 시간일 뿐이죠. 물론 수업을 들으면서 생각을 많이 하고, 궁금한 점을 즉각적으로 물어본다면 달라질 수 있죠. 5퍼센트 효율성이 50퍼센트까지 올라가기도 하거든요. 미국행동과학연구소에서 발표한 '학습 효율성 피라미드'에 따르면 가만히 수업만 듣는 것은 효율이 5퍼센트라고 해요. 그런데 토론하기는 50퍼센트 효율입니다.

그런데 50도 아쉽죠? 이왕이면 100퍼센트 효율이면 얼마나 좋을까요? 그런데 세상에 효율성이 100퍼센트 나오는 건 없어요. 우리가 먹는 음식도 100퍼센트 소화되지 않고, 자동차에 기름을 넣어도 100퍼센트 연소되지 않아요. 효율성이 100퍼센트인 경우는 불가능하거든요. 하지만 90퍼센트 이상의 효율성이 있다면 도전해 보고 싶지 않으세요? 아주 다행히도 공부에서는 방법이 있답니다.

학습 효율성 피라미드 마지막 단계로 '직접 설명하기'가 있거든요. 누군가한테 내가 아는 지식을 설명하는 행위는 왜 효율이 높을까요? 설명할 수 있을 정도가 되려면 내가 특정 지식과 정보에 대해 100퍼센트 이해해야 하기 때문이죠. 이해하지 못하면 설명할 수 없으니까요. 심지어 설명할 때 자료를 보지 않고 하려면 그 지식과 정보를 암기한 상태라는 의미기도 해요.

무언가를 직접 설명하기 위해 준비하는 과정에서 무한 반복하며 효율성을 높이죠. 계속 완전 학습 상태를 향해 가는 과정이니까요. 예를 들어, 내가 '플랜테이션 농장'을 설명해야 하는 상황이라고 해봐요. 어떻게 해야 잘 설명할 수 있을까요? 그냥 큰 농장이라고만 설명할 건가요? 내 설명을 듣는 사람이 쉽게 이해할 수 있도록 개념도 풀어서 설명하고, 구체적인 예시를 들면서 설명을 보충해야 하죠. 그러려면 우리는 무엇을 해야 하나요? 관련 자료를 찾아보면서 내가 가진 지식을 더 채우게 되죠.

자기도 모르게 계속해서 자기의 부족한 점을 채우는 과정에 빠져들게 됩니다. 게다가 설명하다가 막히면, 내가 아직 잘 모르는 지점이 어디인지 알게 되죠. 아직 이해가 안 되었는지, 혹은 암기가 안 되었는지 확인할 수 있죠. 만일 시험을 준비하는 상황이라면 오히려 이런 상황이 약이 되죠. 시험을 보기 전에 부족함을 보완할 수 있으니까요. 이런 과정을 계속 거치면 효율성이 90퍼센트인 공부가 아니라 100퍼센트가 될 수도 있지 않을까요?

만일 지금 '플랜테이션 농장'을 설명할 수 없다면, 인터넷 포털 사이트에서 검색하면서 정보를 찾아보세요. 그리고 내용을 정리해 보세요. 모든 정리가 끝났으면 누군가에게 설명해 보세요. 친구가 있으면 친구에게, 형제가 있으면 형제에게, 부모님이 있으면 부모님께, 아무도 없으면 집에서 키우는 강아지를 붙들고 말해 보세요. 이런저런 상황이 안된다면 거울에 비친 내 모습을 보며 설명해 보세요. 효과가 바로 나타날 거예요.

혹시 말하는 게 불편하다면, 빈 종이에 내가 방금 공부한 내용을 적어 보세요. 타이핑을 쳐서 한글 문서에 남겨도 좋아요. 중요한 건 직접 설명해 보는 거예요. 설명하는 동안 정확하게 설명할 수 없다면, 다시 돌아가서 '플랜테이션 농장'에 대해 조사하고 정리하고 리허설도 해보고 오세요. 완벽하게 설명할 수 있도록 말이죠. 별거 아닌 것 같지만, 이렇게 공부하면 앞으로 여러분은 90퍼센트 이상의 효율성을 가진 공부법을 사용하는 겁니다. 엄청난 무기를 갖게 된 거니까 기분 좋게 공부해 보세요!

공부 관성의 법칙을 믿어라

관성의 법칙에 대해 들어 본 적 있나요? 관성은 외부의 힘이 새롭게 들어오지 않는 한, 한 물체가 원래 가지고 있던 특성을 그대로 유지하려는 성질을 의미하죠. 이런 성질을 보이는 법칙이라서 관성의 법칙이라고 하죠. 예를 들면, 구르던 공은 계속 굴러 가려고 하죠. 멈추려면 엄청난 에너지를 써야 하니까요. 우리 삶도 이 관성의 법칙이 적용된답니다. 공부도 마찬가지고요.

주변에 공부 잘하는 친구들을 보세요. 원래 잘했으니까 공부를 잘한다고 생각하죠. 맞아요, 그럴 가능성이 있어요. 잘할 수 있으니까 그걸 유지하려고 하는 거죠. 공부 잘하면 다른 사람에게 인정도 받고 기분이 좋거든요. 그 기분을 유지하려고 하는 것일 수도 있어요. 정말 공부가 재미있어서 그 감정을 계속 유지하려고 할 수도 있고요. 이유는 다양하겠지만, 공부를 한번 잘하게 되면 계속 잘할 가능성이 커지죠.

공부를 잘하면 주변 친구들이 질문을 많이 해요. 그러면 직접 설명해야겠죠? 그러면 지난 글에서 말했던 상황이 계속 발생하죠. 설명하기 위해 공부하고, 그 과정에서 자기의 부족한 점을 채울 수 있으니까요. 이런 일이 계속 반복되면 선순환 구조로 이어집니다. 공부 관성의 법칙이 계속 유지되니까요. 공부를 매일 하게 되고, 잘하게 되죠.

그러니까 우리가 공부를 시작할 명분이 있는 거예요. 일단 시작하면, 도움이 되고 계속하게 되니까요. 게다가 공부는 수익 100퍼센트짜리 투자예요. 하면 할수록 더 쌓일 뿐 사라지지 않거든요. 오히려 멈추면 비율이 낮아지죠. 멈추지만 않는다면 100퍼센트가 1,000퍼센트로 이어질 수도 있다는 의미죠. 눈덩이처럼 불어서 복리 투자가 된답니다. 실제 그래요. 아는 게 많아질수록 더 빠르고 정확하게 이해할 수 있거든요.

기존 지식과 새로운 지식을 연결하는 힘이 강해진다는 의미예요. 처음에는 이 힘이 약할 수 있지만, 내가 연결할 고리가 많다고 생각해 보세요. 처음 만나는 정보라도 기존에 가지고 있던 고리가 많으니까 그중 비슷한 고리에 연결될 거예요. 고리를 연결하려는 성질도 계속해서 강해지겠죠? 계속 고리를 연결해 왔다면 말이에요.

공부를 못했던 사람이 공부를 시작하는 일이 쉽지는 않아요. 그런데 계속 공부 못하는 사람으로 살아갈지 아니면 공부 잘하는 사람으로 살아갈지 결정해야 해요. 그동안 공부를 못했다면, 그건 공부 안 해서 관성을 유지한 거예요. 하지만 앞으로 공부를 시작하고, 계속하면, 공부를 유지하려는 관성이 생기겠죠. 공부를 잘하게 되면 또 그걸 유지하기 위한 관성이 발동될 거고요.

우리 몸은 솔직해요. 많이 먹으면 찌고, 안 먹으면 안 찌죠. 운동하면 건강해지고, 운동하지 않으면 몸이 약해지죠. 우리 뇌도 솔직해요. 책을 읽으면 지식을 연결하고, 읽지 않으면 연결하지 않죠. 연결이 없으면 뇌는 더 이상 발달하지 않아요. 대신 연결을 자주 많이 하면 속도가 빨라지죠. 연결하는 게 더 익숙해진 상태예요. 지식의 연결이 곧 공부이기에 공부에 대한 관성이 생기고, 이 성질을 유지하려고 해요.

여러분도 이런 법칙을 믿고 공부를 시작했으면 좋겠어요. 내가 아는 게 많아지는 만큼 앞으로 알아갈 지식이 더 많아져요. 그러면 세상의 이치와 진리를 점점 깨닫게 되죠. 많이 알면 알수록 내가 모르고 있다는 사실을 깨닫게 됩니다. 그래서 공부를 더 열심히 깊게 하게 된답니다. 이 상태가 되면 공부의 관성이 매우 강하게 작용하는 상황이에요. 여러분에게도 그런 날이 오기를 바랍니다. 공부가 인생을 바꿀 수 있다는 걸 믿게 될 거예요.

재미없는 것부터 하는
효율적인 공부법

여러분은 맛있는 음식과 맛없는 음식 두 개가 있을 때 무엇부터 먹나요? 당연히 맛있는 것부터 먹어야죠. 맛없는 것은 안 먹어도 되니까요. 그런데 만일 무조건 둘 다 먹어야 하는 상황이에요. 어떻게 할 건가요? 안 먹으면 큰일나요. 규칙이거든요. 그러면 맛있는 걸 먹기 위해서라도 참고 맛없는 음식을 먹어야겠죠? 어쨌든 이렇게 하면 맛없는 것도 먹게 됩니다.

아이들이 쓴 약을 먹을 때 부모는 이 전략을 쓰죠. 약 먹고 나면 사탕을 주겠다고 말이에요. 아이들은 사탕을 먹기 위해 참고 약을 먹죠. 인상을 찌푸리기는 하지만요. 하지만 금세 잊고 맛있는 사탕을 즐길 수 있습니다. 공부도 마찬가지입니다. 우리는 싫어도 해야 할 공부가 있고, 하고 싶은 공부가 같이 있죠. 만일 오늘 내가 끝내야 할 일이 둘 다 있다면, 쓴 약을 먼저 먹는 전략을 쓰는 게 효과적입니다.

한 학생은 국어는 좋아하는데 수학을 싫어했어요. 그런데 내일까지 해야 할 숙제가 있었죠. 당연히 좋아하는 국어를 먼저 하죠. 하지만 이미 공부했으니 더는 공부하기가 싫어요. 더구나 어렵고 힘들어서 싫어하게 된 수학을 해야 하니까 정말 하기 싫죠. 강한 의지를 발휘하여 어떻게든 해낼 수도 있겠지만, 쉽지 않죠. 결국 다음날 아침이 되어서야 부랴부랴 대충 숙제를 마칩니다. 숙제를 통한 공부 효과가 전혀 없죠.

언젠가 이 학생은 이런 생각을 했어요. 거꾸로 해보면 효과가 있을까? 수학을 먼저 하고 국어는 나중에 하기로 했죠. 비록 힘들었지만, 꾸역꾸역 수학 숙제를 집중해서 하려고 노력했어요. 왜냐하면 이걸 끝내고 나면 내가 좋아하는 국어를 할 수 있으니까요. 쓴 약을 먹고 나면 사탕이 기다리는 것처럼 말이죠. 해봤더니 생각보다 할 만했어요. 그 후로는 계속 이 전략을 쓰고 있고요.

실제 인터뷰했던 한 학생은 매일 할 일을 적을 때 좋아하는 것과 싫어하는 것을 분류한다고 했어요. 전략적으로 싫어하는 일을 먼저 하고 그다음 좋아하는 일을 하도록 계획해서 퐁당퐁당 하나씩 일을 처리했대요. 그렇게 하니까 지치지 않고 계속 공부할 수 있었다고 해요. 이게 비단 공부만이 아니에요. 공부 자체가 싫으면 해야 할 공부 항목을 하나 넣고, 쉬거나 노는 일을 중간에 하나 넣는 거예요. 이렇게 하면 싫어하는 공부를 마치고, 좋아하는 일을 하나 할 수 있죠.

반대로 좋아하는 일만 계획하면 싫어하는 일은 계속 놓치게 되죠. 좋아하는 것만 하고 싶으니까요. 아이들도 사탕이랑 초콜릿만 먹으려 할 거예요. 더 건강한 밥은 안 먹고 간식만 먹게 되죠. 그러면 어떻게 되나요? 건강을 잃고, 치아도 썩어서 충치가 생기죠. 좋아하지는 않더라도 꼭 먹어야 하는 밥을 먼저 먹고, 간식을 먹으면 괜찮아지죠. 사실 아이를 키우는 부모로서 이 전략은 유효해요. 그렇지만 조금 걱정은 됩니다. 간식을 먹기 위해 밥을 먹는 꼴이니까요.

공부도 마찬가지랍니다. 공부가 싫다고 자꾸만 노는 일을 계획에 더 많이 넣으면 공부할 시간이 줄어들죠. 그래서 적절하게 해야 합니다. 이왕이면 필수로 할 일의 비중을 높이고 오히려 즐거운 일은 적지만 지치지 않을 정도로 채우는 거죠. 아이들도 밥을 잘 먹다 보면 밥이 얼마나 맛있는지 알게 됩니다. 다양한 반찬에도 도전하고요. 하지만 계속 간식만 먹으면 밥이 절대 맛있지 않죠.

처음에는 공부도 별로 즐거운 일이 아니라 생각할 수 있어요. 약 먹은 후 사탕 먹기 전략을 활용해 보길 바랍니다. 그리고 밥과 간식 전략도 적용해 보세요. 꼭 먹어야 하는 밥을 먼저 챙겨 먹고 난 후에 간식을 먹는 거죠. 공부는 우리에게 에너지를 주는 밥인 동시에 아픔을 치료하는 약이거든요. 비록 처음엔 좋아하는 일이 아닐지라도 다 피가 되고 살이 되는 일이랍니다. 그러니 슬기롭게 전략을 짜서 공부하는 사람으로 거듭나기를 바랍니다.

3

올바른 공부 감정 기르기

내가 얼마나 괜찮은
사람인지 잊지 않기

세상 그 누구도 소중하지 않은 사람은 없습니다. 비록 내가 지금 다른 사람보다 잘하는 게 없더라도 나는 여전히 괜찮은 사람입니다. 아직 다이아몬드 원석처럼 다듬어지지 않았을 뿐이죠. 58면의 다이아몬드는 아름다움의 상징입니다. 하지만 일반인이 보기에 다이아몬드 원석은 그냥 돌멩이인지 다이아몬드인지 구별할 수 없다고 해요. 심지어 전문가들도 원석을 거래할 때는 서로 동의하에 한쪽 면을 조금 연마하여 창을 낸 후 그 면을 통해서 다이아몬드의 가치를 판별한다고 합니다. 다이아몬드 원석은 너무나도 많은 다양한 형태를 보이기 때문입니다. 마치 세상에는 똑같은 사람이 한 명도 없는 것처럼 말이죠.

다이아몬드는 형태, 색깔, 채도, 명도 등 다양한 모습을 보입니다. 희소성에 따라 가치가 달라지지만, 여전히 다이아몬드는 어디서라도 가치를 인정받죠. 우리나라에서는 노란색 계열이 무색 계열보다 저렴하게 평가받습니다. 하지만 해외에서는 또렷한 채도와 명도가 높은 노란색 계열 다이아몬드가 더 높은 가격에 거래됩니다. 결국 언제 어디서 어떻게 가치를 매기느냐에 따라 가치가 달라질 수 있다는 말이죠.

우리도 똑같습니다. 아직 원석에 불과하다면 가치를 평가받지 못할

지도 모르죠. 하지만 나중에 원석이 다듬어졌을 때 내 가치를 보여 줄 수 있습니다. 비록 타고난 색이 노란색 계열이라고 해서 우리나라에서 추구하는 가치와 맞지 않더라도 세상 어딘가에서는 그 가치를 인정하죠. 쉽게 말하면, 우리나라에서 추구하는 명문대 진학과 대기업 취업이라는 엘리트 코스를 밟지 않더라도 내 가치를 인정받을 수 있다는 의미예요. 다른 분야에서 빛을 발한다면 말이죠.

일반적으로 알고 있는 다이아몬드 색은 무색 또는 노란색 계열입니다. 하지만 파란색, 빨간색, 핑크색, 오렌지색, 초록색 등 다양한 색의 다이아몬드가 있습니다. 희귀한 색의 경우는 가격이 엄청나게 비싸죠. 우리는 모두가 무색 아니면 노란색 다이아몬드가 되려고 합니다. 하지만 남들이 가지 않는 길에서 다이아몬드로 탄생한다면 오히려 더 큰 가치를 얻을 수 있죠.

지금 당장 성적이 안 나온다고 해도 자신만의 길을 선택하고 스스로 잘 다듬어서 아름다운 다이아몬드로 거듭날 수 있다는 사실을 잊지 말아야 합니다. 세상에 많은 다이아몬드와 색깔이 다를 뿐이지 여러분은 더 가치 있는 다이아몬드의 원석이니까요. 그런데 자신의 가치를 알아차리지 못하고, 포기하고 대충 살아가는 사람들이 있습니다.

잊지 마세요. 내가 가고 싶은 길을 찾기 위해 노력하는 게 중요합니다. 그 과정에서 계속 공부하며 부족한 점을 채워야 할 거고요. 학교의 시험공부가 아니어도 공부는 해야 하니까요. 다만 자신이 가치 있는 사람이라는 것을 혹은 나는 참 괜찮은 사람이라는 사실을 잊지 않기로 해요. 그래야 끝까지 포기하지 않고 나의 길을 찾아갈 수 있으니까요.

자신을 다른 친구와 비교하지 않기

여러분은 행복의 기준이 무엇인가요? 돈이 많은 것 또는 공부를 잘하는 것? 그런 게 행복의 기준인가요? 만일 이 두 가지와 같은 요소가 기준이 된다면 돈이 없고 공부를 못하면 불행해집니다. 그래서 OECD 선진국에 해당하지만, 행복 지수가 낮고 자살률이 높은 나라가 우리나라예요. 특히 주변 사람과 비교하면서 나는 왜 돈이 없을까, 나는 왜 공부를 못할까 비교하지 마세요. 더 끔찍해지니까요.

우리는 살아가면서 남들과 비교하곤 하죠. 나는 얼마만큼 할 수 있는데 다른 사람은 나보다 더 잘하네, 못하네 평가하면서 말이에요. 그런데 굳이 그럴 필요가 있을까요? 인생은 자기와의 싸움이죠. 꼭 남과 속도를 맞추거나 더 빨리 가려고 할 필요가 없답니다. 각자의 인생이 있고, 각자의 속도가 있으니까요.

거북이 보고 토끼처럼 빨리 달리라고 하면 어떻게 될까요? 심장이 터져서 죽을지도 모릅니다. 천천히 가더라도 꾸준하게 걸어가면 목적지에 도착할 수 있어요. 게다가 목적지가 같지 않아도 되지요. 자기가 가고 싶은 방향으로 정한 목표대로 나아가면 되니까요. 세상엔 정해진 답이 없잖아요. 우리가 추구하는 방향과 목적지가 답이 될 뿐이죠.

시험이 끝나고 채점하면서 나는 몇 점을 받았는지 다른 친구는 몇 점인지 굳이 물어볼 필요가 없다는 말이에요. 시기나 질투할 필요도 없고, 기죽을 필요도 없죠. 내가 노력을 덜 했을 수도 있고, 아니면 정말 그 분야에 소질이 없을 수도 있잖아요. 다음에 내가 더 노력하거나 내가 잘하는 분야를 찾아서 그 분야에서 빛을 발하면 되지요. 절대 남과 비교할 필요 없답니다.

다른 사람과 비교하는 과정에서 공부 감정이 무너집니다. 긍정적일 때보다 부정적인 감정이 드는 경우가 많거든요. 점수를 비교하든, 등수를 비교하든 남보다 내가 우위에 있지 않으면 자신감도 사라지고요. 공부 감정을 잘 유지하기 위해 비교는 인생에서 지워야 할 단어입니다.

단, 어제의 나와 오늘의 나, 그리고 내일의 나를 비교하는 건 좋아요. 어제보다 더 성장했다면 기쁜 마음으로 정진할 수 있고, 어제보다 부족하다면 더 노력하면 되니까요. 하지만 다른 친구들과 비교하면서 자꾸만 감정을 다치게 하는 건 바보 같은 짓이에요. 스스로 무덤을 파는 격이죠.

공부뿐만 아니라 게임을 할 때도, 놀이할 때도 마찬가지예요. 이기는 날도 있고, 지는 날도 있겠죠. 혹시라도 부족하다면 더 노력해서 어제보다 나은 나를 만들도록 해보세요. 그러면 훨씬 기분이 나아질 거예요. 그리고 다른 사람의 목표를 그대로 따라 하려고 하지 말고, 나만의 목표를 정해서 수준에 맞게 하나씩 성취해 보세요. 작은 성취가 모여 결국 큰 성취를 이루거든요. 능력은 안 되면서 더 큰 목표를 이루려고 하면 좌절감만 느끼게 되죠. 만날 실패하는 거예요. 작지만 매일 성공하는 사람과 큰 것만 바라보며 매일 실패하는 사람은 훗날 크게 차이가 날 거예요.

중학교 때 공부 잘해서 특목고에 진학한 학생 중 절반은 패배자가 됩니다. 이상은 높은데 현실은 바닥에 있어서 그렇죠. 현실을 받아들이고, 오롯이 자기에게 집중하여 차근차근 올라가는 친구들은 그래도 어느 정도 정상 궤도로 올라옵니다. 하지만, 여전히 과거에 살며 자기를 인정하지 못하는 학생들은 다른 친구들과 비교하고 좌절하며 패배자로 살아가죠. 그 생각을 멈추고 자기 속도에 맞게 노력했다면 분명 다른 결과가 있었을 텐데 말이죠.

작은 성취감이 모여
성공의 길로 이끈다

하루아침에 중국 만리장성이 지어질 수 있었을까요? 혹은 이집트 피라미드가 순식간에 뚝딱 솟을 수 있었을까요? 둘 다 시작은 삽으로 흙을 팠을 거예요. 100삽도 아니고 딱 한 삽이죠. 모든 것은 0에서 1로 시작됩니다. 아무것도 하지 않으면 계속 0이지만, 1이 되는 순간부터 2, 3, 4, 5로 넘어갈 수 있죠. 나중에는 쌓여서 1이 10, 100, 1,000이 되고요. 그래서 나의 일과를 되돌아볼 필요가 있죠.

성공한 사람들이 일어나면 가장 먼저 하는 일이 뭔지 알고 있나요? 네, 맞습니다. 잠자리를 정리하는 거예요. 그것부터 성공하여 작은 성취감으로 하루를 시작하죠. 너무 쉬운 일이지만, 첫 계획부터 성공했으니 성공으로 하루를 시작하죠. 성공으로 하루를 시작하느냐, 실패로 시작하느냐는 차이가 있답니다. 지금 이 글을 읽고 있다면, 앞으로는 아침에 이불 정리부터 하는 습관을 길러 보시길 바랍니다. 그 시작이 씨앗이 되어 하루 계획을 차근차근 실천할 수 있을 거예요.

저는 공부하는 학생이라면 플래너 쓰는 것을 추천합니다. 혼자서 하루 계획을 세우고, 실천하고, 반성하는 시간을 가질 수 있거든요. 플래너를 쓰는 습관은 그리 어렵지 않습니다. 작은 책자에 하루를 생각하며 몇 글자만 적으면 되거든요. 어려운 일은 그 작은 계획들을 실천하는 거예요. 실제 플래너를 작성하는 사람은 많아도 계획한 걸 모두 실천하는 사람은 얼마 되지 않을 거예요. 실천이 더 어렵거든요. 하지만, 플래너 쓰기조차 하지 않으면 실천은커녕 계획조차 없는 삶이 되죠.

플래너 쓰는 것부터 시작해서 계획하기, 실천하기 그리고 반성하기 단계까지 넘어갈 수 있답니다. 한 번 실천하는 것은 쉽지만, 매일 실천하는 건 정말 어렵습니다. 저는 학생들에게 공부 습관과 더불어 플래너 쓰는 습관을 길러 주고자 카페를 운영하며 프로젝트를 진행하고 있어요. 'STUDY FLEX(스터디 플렉스)'라는 온라인 커뮤니티에서 프로젝트를 신청한 아이들이 매일 계획을 세우고, 실천하고 있답니다. 만일 실천하지 못했어도 반성 일기를 쓰면서 하루를 마감해요. 비록 오늘은 계획한 것을 실천하지 못했지만, 반성을 통해 내일 혹은 주말에 보완하는 시간을 갖거든요. 이러면 매일 계획하고 실천하는 삶을 살아갈 수 있답니다.

물론 사람마다 플래너 작성하는 수준이 천차만별이에요. 그런데 무료 세미나를 통해서 우수 활동자의 사례를 같이 살펴보며 어떻게 플래너를 작성하는지 배울 수 있죠. 처음에는 잘 모를 수 있지만, 다른 사람이 어떻게 하는지 살펴보면서 배우고 따라 하게 되죠. 처음에 단순하게 할 일만 간단히 적었던 참여자도 나중에는 우수 사례자처럼 할 일, 구체적인 내용, 걸리는 시간, 실천 여부, 실천한 시간 등을 자세하게 기록하더라고요. 만일 플래너 쓰는 프로젝트에 참여하지 않았더라면 이 참여자는 어떤 삶을 살았을까요? 여전히 하루하루를 대충 보내지 않았을까 하는 생각이 들어요. 계획 없는 삶이죠.

참여자들이 플래너 쓰는 습관부터 시작해 공부, 운동, 독서 등 다양한 계획을 세우며 매일 조금씩 성장하는 모습을 볼 수 있었답니다. 처음에는 부모가 시켜서 시작했지만, 하루를 뜻깊게 보내는 법을 알게 되자 나중에는 스스로 프로젝트에 열심히 참여하는 모습을 보였어요. 플래너 쓰기라는 작은 습관의 변화가 삶을 주도적으로 살아가도록 큰 변화를 만든 것이죠.

어찌 보면, 아침에 일어나 이불을 개는 것과 같은 원리라고 볼 수 있어요. 하루 시작을 플래너 쓴 내용을 살피며 할 수 있으니까요. 어떤 습관이라도 작은 것부터 시작하면 더 큰 것으로 넘어갈 수 있답니다. 시작이 반이니까요. 이왕이면 그 작은 습관이 삶 전체를 통제할 수 있는 것이라면 좋겠어요. 플래너 쓰기와 같이 말이죠.

호기심은 배움의 자양분

에디슨이 달걀을 품은 일화를 기억하나요? 달걀을 품고 있으면 혹시 병아리로 부화하지 않을까 시도했던 거죠. 그 행동의 시작은 '궁금증' 즉, 호기심에서 비롯된 거랍니다. 물음표를 던져야만 느낌표를 얻을 수 있죠. 이렇게 배움이 일어난다는 말이에요. 궁금하지 않으면 아무것도 해결할 수 없습니다. 삶은 문제 해결의 연속이에요. 더 구체적으로 질문할 수 있어야 더 구체적인 답을 찾을 수 있답니다.

우리가 공부하든, 무언가를 배우든, 삶을 살아가든 중요한 건 언제나 왜 그런지 생각해야 하는 거예요. '왜'를 찾지 않으면 '어떻게'로 넘어갈 수 없으니까요. '어떻게'를 찾는 순간에 '무엇'을 해야 하는지 알게 되거든요. 그게 우리 뇌의 작동 방식이자 삶의 방식이에요. 주어진 삶을 그대로 두고 아무 생각을 하지 않으면 남는 게 없어. 남들이 시키는 대로 할 뿐 내가 주도적으로 할 수 없지요. 게다가 남이 시킨 일이 옳은 것인지 아닌지 분별할 수도 없죠.

2차 세계 대전 시기에 벌어진 독일군의 유대인 학살은 제국주의가 불러온 참사이자, 동시에 분별 능력이 없었던 사람들이 만들어 낸 결과예요. 일본에서도 비슷한 사례가 있는데요. 일본의 한 장교는 일본이 항복한 사실을 모르고 침략했던 나라에서 계속 적을 죽였다고 해요. 나중에 종전 소식을 듣고서도 죄책감을 느끼지 않았다고 해요. 왜냐하면 자신은 조국을 위해 최선을 다했기 때문이라 믿었으니까요.

물론 군인 같은 특수한 상황에 놓인 경우라면 호기심이 독이 될 수도 있겠죠. 하지만 인간으로서 최소한의 인격을 갖추기 위해서는 내가 하는 일이 옳은지 혹은 나에게 시키는 사람이 올바른 판단을 하는지 살필 수 있어야 해요. 무조건 따르는 것보다 항상 호기심을 가지고 판단 여부를 따져 보라는 것이죠. 천재 과학자들처럼 엉뚱한 상상의 나래를 펼칠 수도 있겠죠. 그게 창의력이고, 세상을 바꾸는 힘일 수 있어요. 엉뚱한 상상이 현실이 되는 순간 세상은 바뀌니까요.

하늘을 날고 싶은 라이트 형제의 꿈도, 전기를 개발한 에디슨의 상상력도, 상대성 이론을 발견한 아인슈타인도 모두 엉뚱한 상상 속에서 호기심을 가지고 계속 문제를 해결하고자 노력했답니다. 다음 단계로 넘어가기 위해 계속 연구하며 문제를 해결했죠. 7전 8기가 아니라 수많은 실패 속에서 다른 방법은 통하는지 궁금해하며 수천 번 시도하고 도전했기에 성공을 이룬 것이죠.

우리가 잘 알고 있는 아르키메데스의 '유레카' 일화도 마찬가지예요. 계속 어떻게 하면 왕관의 무게를 잴 수 있을까 고민한 끝에 갑자기 '물음표'를 '느낌표'로 바꾼 것이잖아요. 정말 신기한 것은 내가 새로운 무언가를 알게 되면 관련된 정보가 주변에 갑자기 나타나요. 그동안 계속해서 인지하지 못했는데, 궁금해서 알아보고 새로운 것을 알게 되니까 바로 연결이 되더라고요.

대학교 때 '포스트모더니즘' 개념을 알게 되고 나니까 그다음부터 포스트모더니즘 관련 지식이 계속 연결되는 거예요. 게다가 내가 판단하는 게 맞는지 아닌지 또 궁금해지더라고요. 그것을 확인하는 과정에서 더 명확하게 포스트모더니즘이 무엇인지 알게 되었답니다.

무언가를 배울 때 그냥 그런가 보다 하지 말고 꼭 직접 관련 내용을 찾아보세요. 관련해서 다른 무언가는 없을지 궁금증과 호기심을 가져 보세요. 그러면 내가 배운 것보다 더 많은 것을 알게 될 거예요. 흑백 사진으로 시작했던 이미지도 점점 컬러 사진으로 바뀔 거고요. 배움에 호기심만큼 좋은 도구는 없답니다. 호기심 천국에서 행복한 배움을 이뤄 보시길 바랍니다. 공부를 꾸준히 이어 가는 힘을 분명히 기를 수 있을 거예요.

감정 조절 능력이 곧 공부 능력

우리는 보통 공부는 이성적 사고력을 통해서 한다고 생각합니다. 하지만 진실은 이와 다릅니다. 공부와 큰 연관이 있는 '기억'은 우리의 감정에 영향을 많이 받기 때문이죠. 감정에 따라 기억 정도가 달라질 수 있습니다. 그러면 감정이 미치는 영향을 알아볼 필요가 있지요. 호기심을 발동해 보세요. 궁금하죠?

감정의 발생 원리를 파악하기 위해 우리는 우선 뇌과학적인 측면에서 살펴봐야 합니다. 특히 변연계라고 하는 곳에 있는 편도체가 감정과 밀접한 관련이 있다는 사실을 알아야 하죠. 편도체는 해마 끝부분에 위치해 있죠. 감정은 편도체에서 관장하고, 기억은 해마에서 관장합니다. 구조상 감정과 기억이 분리될 수 없죠.

우리 뇌는 생존에 위협이 되는 경험을 기억해 두었다가 같은 상황이 발생하면 즉각적으로 대응하죠. 편도체에서 반응하여 생존을 위해서 강한 스트레스 호르몬이 나오면서 그 상황을 피하려고 노력하는 거랍니다. 이런 상황에서는 생각을 멈추게 되죠. 그러면 공부 효과도 전혀 없고요.

그러면 어떨 때 새로운 정보가 들어와도 기억으로 반응할까요? 모르는 정보든 아는 정보든 상관없이 중요한 건 전전두엽으로 정보가 들어와 편도체를 거쳐서 기억으로 이어진다는 거예요. 그래서 편도체가 생각을 멈추게 하면 안 됩니다. 그러기 위해서는 전두엽과 변연계를 연결하는 안와전두엽을 발달시켜야 해요. 편도체가 자극받고 부정적으로 평가할지라도 즉각적으로 신체가 반응하지 않고 신호도 전달하지 않거든요.

쉽게 말해서 전전두엽을 통해 이성적으로 판단하는 능력을 높여 주면 우리는 감정을 잘 조절할 수 있습니다. 편도체를 통제하니까 감정을 조절할 수 있죠. 우리는 이 힘을 '감정 조절 능력'이라고 부르죠. 다행히도 어린 시절부터 부모의 교육과 훈련을 통해 안와전두엽을 발달시킬 수 있답니다. 물론 시간은 오래 걸리지만요.

감정 조절에 실패한 경험이 쌓이면 점점 더 감정 조절에 실패할 확률이 높아집니다. 화를 내면 낼수록 점점 더 세게 내게 되고 목소리, 표현, 행동 등도 더 격해지죠. 그렇기에 마음을 다잡고 화를 억눌러 이성적으로 행동할 수 있도록 노력해야 하죠. 실제 많은 사람들이 공부를 포기하는 이유도 감정적으로 안정되지 않아서랍니다. 스트레스 지수가 엄청 높은 고3 수험생이 공부에서 무너지는 이유는 공부 방법이 아닌 감정 조절에 실패하기 때문이에요. 감정 조절은 다양한 부분에 영향을 주거든요.

감정 조절은 회복 탄력성과 학업 성취도에 직접적인 영향을 줍니다. 회복 탄력성이 뭔지 알죠? 실패하더라도 그 감정을 재빨리 조절하고 실패에 대한 부끄러움을 극복하는 성질이에요. 감정 조절을 잘하는 사람은 회복 탄력성이 좋죠. 그래서 학업 성취도가 높고요. 실패를 이겨내면 나중에 성취 기쁨이 있다는 사실을 경험으로 알게 되면 감정 조절에 크게 도움이 될 수 있답니다.

감정 조절 능력은 집중력과 기억력에도 많은 영향을 줍니다. 소란스럽고 불안정한 상태에서도 집중력을 발휘해 높은 성취를 이룰 수 있죠. 그래서 감정 조절 능력이 곧 공부 능력이라고 말하는 거예요. 공부를 잘하려면 공부법이 좋아야 한다고 생각을 많이 하는데, 사실 공부의 본질은 공부 감정과 관련이 커요. 공부 감정이 안정적이어야 공부를 잘할 수 있다는 의미죠.

혹시라도 어린 시절에 감정적으로 통제할 기회가 많이 없었다면 지금이라도 늦지 않았으니 노력해 보시길 바랍니다. 물론 쉽지는 않을 거예요. 이미 통제 능력이 탑재된 상태니까요. 대신, 우리 뇌는 평균 66일 정도 매일 훈련하면 바꿀 수 있다고 합니다. 그리고 건강한 몸에는 건강한 정신이 깃드는 법! 감정 조절에는 무엇보다 규칙적으로 먹고, 자고, 운동하는 삶이 도움이 된답니다. 공부뿐만 아니라 건강한 신체, 건강한 습관을 만들기 위해 노력해 보세요. 그러면 분명히 도움이 될 거예요.

틀리는 것에 대한 즐거움을 안다면

'이제 두 개밖에 안 남았네', '아직 두 개나 남았네.'

둘 중에 무슨 말이 더 긍정적인가요? 당연히 후자가 더 긍정적입니다. 같은 상황에서 어떻게 해석하느냐에 따라 결과가 달라집니다. 공부 감정에도 영향을 주고요. 항상 부정적으로 생각하는 사람과 항상 긍정적으로 생각하는 사람은 인생이 전혀 다른 방향으로 뻗어 나갈 거예요. 극과 극의 상황이니까요.

우리는 공부하면서 문제를 풀고, 틀립니다. 문제집을 풀다가 틀릴 수도 있고, 시험을 보고 나서 틀린 사실을 알게 되기도 하죠. 혹은 내가 알고 있는 게 정확하지 않아서 설명하다가 틀릴 수도 있고요. 인간이기에 완벽할 수 없고, 언제나 실수투성이죠. 하지만 실수하고 틀리는 것을 어떻게 바라보느냐에 따라 결과가 크게 달라질 수 있답니다.

우리는 공부할 때 틀리는 걸 죽도록 싫어합니다. 꼭 100점을 받아야만 할 것 같아요. 그런데 100점은커녕 50점도 안 나오면 괴로워하죠. 나는 공부에 소질이 없다는 생각과 동시에 공부는 왜 하나 자괴감이 들고요. 그런데 생각을 바꾸면 태도가 달라질 수 있어요. 당연히 잘 모르는 게 나오면 우리는 틀릴 수밖에 없죠. 대신에 내가 모르는 걸 알게 되는 거예요. 쉽게 말해 내가 공부해야 할 부분이 어딘지 알게 되는 거죠.

평소 공부할 때는 처음부터 끝까지 다 해야 하지만, 모르는 부분을 알게 되면 그것 위주로 공부하면 매우 효율적인 공부를 할 수 있죠. 많이 틀렸다고 괴로워하는 게 아니라 오히려 내가 모르는 부분을 발견한 것에 기뻐해야 합니다. 하지만 현실은 어떤가요? 다들 틀렸다고 의기소침해지고, 공부가 하기 싫고, 막말로 공부를 때려치우고 싶어지죠. 부정적으로 상황을 받아들였기 때문에 그런 거예요.

긍정적으로 바꿔 보면, '때문에'가 '덕분에'로 변신합니다. '시험에서 많이 틀렸기 때문에 공부를 하고 싶지 않아!'라는 말이 '덕분에 공부할 부분을 알게 되어 기뻐!'라고 변하니까요. 한 끗 차이인데 극과 극이죠? 앞으로는 틀리는 것을 두려워할 게 아니라, 틀리면 웃으면서 기쁜 일이라고 주문을 외워 보세요. 시험을 볼 때마다 기쁜 나날을 보낼수 있을 거예요. 틀리는 문제가 나오면 내가 더 집중해서 공부할 게 생기는 거니까요. 왜 그런 말 있죠?

"한 번 실수는 실수가 맞지만, 두 번 실수는 실력이다."

우리는 언제나 한 번 정도는 틀릴 수 있어요. 하지만 두 번 이상 틀리면 그건 내 실력이 된답니다. 그러니 한 번 틀렸을 때 집중해서 다시는 틀리지 않도록 노력해야 하죠. 진짜 내 실력이 되지 않도록 말이에요.

한국 사람들은 자기가 모른다는 사실을 밝히는 걸 끔찍하게 싫어해요. 자존심 때문인지 모르겠지만, 틀리는 걸 부끄러워하더라고요. 하지만 이제는 생각을 바꿔야 해요.

"그깟 자존심이 뭐라고!"

이렇게 외치며 모르는 것을 당당하게 밝히고 알아 가도록 하세요. 아는 척 넘어가서 진짜 모르는 것보다, 모르는 걸 인정하고 알게 되는 게

낮지 않을까요? 똑똑해 보이는 멍청이가 될 것인지, 비록 지금은 조금 부족하지만 진짜 똑똑해질 것인지 결정하라는 말이에요.

개인적으로 앞으로는 헛똑똑이가 되지 않기를 바랍니다. 오히려 틀리는 것을 진정으로 즐길 줄 아는 사람이 되기를 바랍니다. 틀리는 것에 대한 두려움이 아니라 즐거움이 있으면 공부는 더 재미있어질 테니까요. 공부는 어려운 것이 아니라 즐거운 것이라는 생각이 머릿속에 남아 꾸준히 공부하는 힘을 길러 줄 거예요.

공부도 게임하듯이 해보자

"뛰는 사람 위에 나는 사람 있다"는 말을 들어 본 적이 있을 거예요. 그런데 그다음 단계는 무엇인지 알고 있나요? 끝판왕은 바로 '즐기는 자'입니다. 그 누구도 즐기는 사람을 절대 이길 수 없어요. 학창 시절에 스타크래프트라는 게임이 처음 나왔어요. 많은 사람이 관심을 가졌고, 너도 나도 할 것 없이 PC방에 가서 이 게임을 했죠. 그런데 저는 아무리 노력해도 이 게임이 어려웠어요. 일단 재미가 별로 없더라고요.

저는 단순한 게임이 좋았어요. 게임을 할 때도 머리를 써 가며 해야 하는지 그 이유를 납득할 수 없었죠. 그런데 축구 게임은 재미있었어요. 재미있으니까 더 많이 했죠. 연구도 많이 했고요. 덕분에 다른 친구들보다 잘하게 되었어요. 잘하게 되니까 자신감이 생겼고, 실력은 일취월장했죠. 주변 친구들과 축구 게임을 하면 거의 제가 이겼어요. 승리의 맛을 자주 느낄 수 있었죠.

우리는 게임을 할 때는 나름 금방 자기가 잘하는 게임을 찾아내요. 그리고 다른 친구들보다 열심히 해서 더 잘하게 되죠. 공부도 이 원리로 시도하면 같은 결과를 낼 수 있을 거예요. 다만 시도하지 않을 뿐이죠. 공부도 게임이라고 생각을 한번 바꿔 보세요. 게임도 종류가 여러 개

있는 것처럼, 공부 종류도 다양하다고 생각하는 거죠.

학교에서 배우는 과목도, 시험을 치러야 하는 내용도, 살아가면서 배워야 하는 지혜도, 내가 궁금해서 찾아보는 실생활 정보도 모두 공부랍니다. 이런 종류 중에 내가 잘할 수 있는 게 무엇인지 먼저 찾아보는 거예요. 학교 공부에 한정시키지 말고요. 학교 공부는 여러 공부 중 하나일 뿐이거든요. 이제 이해되죠? 마음도 편해질 거예요. 선택지가 하나일 때보다 여러 개일 때 우리는 안도의 마음이 생기니까요.

A라는 계획을 지키지 못해도 B라는 계획을 세우고 실천할 수 있으니까 마음이 편하죠. 알고 보니까 나에게 맞는 건 A라는 계획이 아니라 B 또는 C일 수도 있어요. 사람마다 특성이 다르니까요. 사람마다 잘할 수 있는 게 다르다는 의미예요. 이제 게임을 여러 개 시도해 보듯이 공부도 여러 개를 시도해 보는 거예요. 나에게 알맞은 게임을 찾듯이 나에게 맞는 공부 종류를 찾기 위해서죠. 그러다 보면 분명히 나에게 맞는 걸 찾게 될 거예요.

'여러 공부 종류 경험하기!'

이것이 공부의 시작이에요. 자꾸만 나에게 맞지 않는 옷을 입으려고 하니까 어울리지 않는 것이죠. 크기도 안 맞고, 색도 안 어울리는 옷을 자꾸만 입으니까 별로인 거예요. 그런데 나에게 맞는 옷을 찾으면 너무 잘 어울려요. 옷이 날개가 되어 자신감도 자존감도 올라가고요. 지금까지 맞지 않은 옷을 입으려고 노력했기에 잘 안 어울렸던 것으로 생각하세요. 그래서 입기 싫었던 거고요. 알겠죠?

게임을 할 때 우리는 하나씩 차근차근 단계를 밟고 올라갑니다. 처음에는 초보로 시작하지만, 중수로 넘어가죠. 마침내 실력이 쌓이면 고수가 되고요. 그런데 고수가 되기까지 얼마나 노력하나요? 분명히 알 거예요. 남들보다 피나는 노력을 해야 한다는 사실을 말이에요.

공부도 똑같아요. 남들보다 내가 조금이라도 더 좋아하거나 잘할 수 있는 분야를 찾게 되면 유리한 상황에 놓이죠. 남들보다 더 열심히 할 거니까요. 열심히 하는데 좋아하니까 더 잘할 수 있고, 잘하게 되니까 남들보다 짧은 시간에 더 좋은 결과를 만들어 낼 수 있죠. 세상에는 자기에게 맞는 공부를 찾아서 그 분야의 고수가 된 사람들이 있어요. 그런데 그들도 그 길을 찾기까지 오랫동안 시행착오를 겪고, 실패를 수없이 많이 경험했어요. 절대로 한순간에 그 자리에 오른 게 아니랍니다.

그러니 여러분도 자기가 가야 할 길을 찾기 위해 꼭 노력했으면 좋겠어요. 혹시 어려움이 있더라도 포기하지 않았으면 좋겠어요. 방향성만 맞다면 속도가 좀 느려도 괜찮다고 생각했으면 좋겠어요. 혹은 중간에 방향이 바뀌어도 된다고 생각했으면 좋겠어요. 모든 게 내가 마지막 목적지에 도달하기 위한 과정 중 하나라고 생각해 보세요. 그러면 마음이 편안해질 거예요. 무엇보다 중요한 공부 감정이 다치지 않도록 제가 한 말을 명심하고 실천해 보세요!

에필로그

그래 맞아, 나도 잘하는 게 있었지!

내가 '무엇이 되어야겠다'고 생각하면 방법이 별로 떠오르지 않습니다. 하지만 내가 '무엇을 해야겠다'고 생각하면 수단이 다양해집니다. 내 꿈을 딱 하나의 '명사형'으로 한정시킬 것인가, 아니면 '동사형'으로 만들어서 다양한 '명사형'을 활용해 볼 것인가 고민해 봐야 합니다.

제가 만일 '교사'라는 직업에 저를 한정시켰다면, 아마 작가가 되지 못했을 거랍니다. 하지만 저는 공부로 지치고 힘든 사람들에게 희망과 용기를 주고 싶었어요. 그래서 꼭 교사가 아니어도 다른 방법을 찾을 수 있었죠. 작가가 되기 전에는 사실 유튜브를 먼저 시작했어요. 영상을 찍어서 편집해서 올리면 사람들이 보고 내가 전하는 메시지를 받겠지 싶었죠.

그런데 영상을 만들고 제작하는 일이 제게는 쉽지 않더군요. 제가 영향력이 큰 인물도 아닌 데다가 디자인이나 영상 제작에 소질이 없으니 엉망이었어요. 아무리 노력해도 제 영상을 보는 사람 수는 많지 않았죠. 물론 유튜브로 성공한 사람들도 이런 과정이 있었겠지만, 저는 영상 쪽은 소질이 없다는 걸 깨달았죠. 제가 입어야 할 옷이 아니구나 생각했고, 빠르게 인정했어요. 부끄러운 일이 아니니까요.

하지만 희망과 용기를 주는 일을 포기하지 않았어요. 왜냐하면 내가 하고자 하는 방향에 유튜브는 하나의 수단 혹은 명사형일 뿐이니까요. 그래서 사람들에게 내가 가진 생각을 전할 다른 방법을 찾았죠. 영상은 조금 어려웠지만, 그나마 글 쓰는 것은 괜찮았어요. 다행히 주변에서도 글은 읽어 볼 만하다고 칭찬하더군요. 그래서 이 방법이 나에게 맞겠다 싶었죠.

처음에는 글 쓰는 일도 잘할 수는 없었어요. 그나마 다른 것보다 더 관심을 가지고 즐길 수 있는 일일 뿐이었어요. 그런데 즐기니까 매일 하게 되더라고요. 매일 꾸준하게 하니까 잘할 수 있게 되고, 결과물이 쌓이더라고요. 결과물은 점점 질적으로 성장하고요. 양적 성장에 이어 질적 성장이 동시에 일어났죠. 계속할수록 초보에서 중수로, 중수에서 고수로 단계를 밟아 가며 성장하는 나를 발견할 수 있었어요.

아직도 초고수는 아니지만, 나름 성공했다고 생각해요. 이렇게 공부에 지친 사람들에게 희망과 용기를 주는 책을 써 달라고 제안을 받았으니까요. 그리고 이렇게 책을 마무리할 수 있었으니까요. 만일 제가 유튜브를 하다가 제가 하고 싶은 일을 포기했다면 이런 상황이 오지 않았겠죠. 앞으로도 계속 포기하지 않고 도전할 거예요. 글도 물론 영향력이 있지만, 저명한 사람이 하는 말의 힘이 얼마나 대단한지 깨달았거든요.

저는 더 노력해서 강연을 통해 더 많은 사람이 제가 전하는 메시지를 듣고 꿈과 희망을 품었으면 좋겠어요. 고작 대학 입시나 취업에서 미끄러졌다고 삶의 패배자가 아니라는 메시지를 말이에요. 우리는 누구나 소중하고 특별한 사람이 될 수 있다는 사실을 알려 주고 싶어요. 비록 아직은 원석에 불과하지만, 노력하면 특별하게 빛나는 다이아몬드가 될 수 있다는 사실을 말이죠.

제가 생각하는 성공은, 이 책을 읽은 사람이 다시 용기를 얻고, 자기 길을 찾기 위해 도전하고 실패하고 시행착오를 겪었지만, 결국에는 이뤄냈다는 소식을 많이 듣게 되는 일이에요. 언젠가 그런 연락을 여러 사람한테 받게 된다면 저는 제 꿈을 이룬 것이라 믿습니다. 여러분도 큰 꿈을 꾸기를 진심으로 바랍니다. 여러분도 분명히 남들보다 더 좋아하는 일 혹은 잘할 수 있는 일이 분명히 있을 테니까요.